U0338100

Shenbu Jinghang

Zhongpingshigongfa Jiqi Zhihugu Zhihu Lilun

深部井巷中平施工法及其"支护固"支护理论

涂兴子　翟新献　李如波　翟俨伟　著

中国矿业大学出版社

·徐州·

内 容 简 介

本书针对平顶山矿区深部高应力、大断面井巷(硐室)掘进和支护施工地质条件,巷道变形破坏严重、支护和维修费用高以及巷道变形量已经影响到矿井安全生产的现状,采用理论分析、数值计算、实验室试验、相似材料模拟试验以及现场工业性试验等综合研究方法,创立了具有平顶山矿区特色的煤矿深部井巷施工法(简称中平施工法),建立了中平施工法技术规范;提出了"支护固"概念,研究了"壳拱组合圈"的组成、锚注支护混凝土喷层与锚杆力学耦合关系,建立了深部巷道"支护固"支护理论,为中平施工法提供了理论依据。作为企业工法,中平施工法已经在平顶山矿区大中型矿井深部井巷和硐室的掘进及翻修施工中得到了推广应用,经济效益和社会效益显著。

本书可以作为采矿工程和岩土工程专业的研究生参考教材,也可供相关专业的研究生、本科生以及研究人员、生产技术人员和设计人员参考。

图书在版编目(CIP)数据

深部井巷中平施工法及其"支护固"支护理论 / 涂兴子等著. —徐州:中国矿业大学出版社,2020.11
ISBN 978 - 7 - 5646 - 4449 - 9

Ⅰ.①深… Ⅱ.①涂… Ⅲ.①深井-巷道围岩-工程施工-研究-平顶山②深井-巷道围岩-巷道支护-研究-平顶山 Ⅳ.①TD263②TD353

中国版本图书馆 CIP 数据核字(2019)第 095592 号

书 名	深部井巷中平施工法及其"支护固"支护理论
著 者	涂兴子 翟新献 李如波 翟俨伟
责任编辑	姜 华
出版发行	中国矿业大学出版社有限责任公司
	(江苏省徐州市解放南路 邮编 221008)
营销热线	(0516)83884103 83885105
出版服务	(0516)83995789 83884920
网 址	http://www.cumtp.com **E-mail**:cumtpvip@cumtp.com
印 刷	虎彩印艺股份有限公司
开 本	787 mm×1092 mm 1/16 **印张** 13.75 **字数** 260 千字
版次印次	2020 年 11 月第 1 版 2020 年 11 月第 1 次印刷
定 价	50.00 元

(图书出现印装质量问题,本社负责调换)

前　言

　　中国平煤神马能源化工集团有限责任公司所属矿区有平顶山、禹州、汝州3块煤田。矿区东西长 138 km，南北宽 82 km，面积约 10 000 km²。矿区拥有 24 个原煤生产单位共 36 对生产矿井，煤炭总产能 5 000 万 t/a。其中位于平顶山市的平顶山煤田，隶属中国平煤神马能源化工集团有限责任公司的平顶山天安煤业股份有限公司（简称平煤股份）。平顶山煤田所属的矿区是我国自行勘探、设计、建设的第一个特大型煤炭基地。目前，该矿区内大中型生产矿井 20 对，资源整合矿井 27 对，矿区产能规模 3 800 万 t/a，主要开采石炭-二叠系煤层组，自上而下主采煤层分别为丁$_5$、丁$_6$、戊$_8$、戊$_9$、戊$_{10}$、己$_{15}$、己$_{16}$、己$_{17}$、庚$_{20}$等煤层。

　　平顶山矿区自建矿以来，经过 60 余年的开发，特别是经过改革开放 40 多年的大规模、高强度开采后，煤矿浅部资源已经枯竭，煤层开采逐渐向深部延伸。目前，矿区有 10 对矿井采深超过 800 m，其中 3 对矿井采深超过 1 000 m，最大开采深度达到 1 200 m，主要生产矿井都已进入深部开拓或开采阶段。深部开采存在高地应力、高地温、高渗透压力和强烈开采扰动等问题，因此深部（深井）巷道的变形控制一直是岩体力学研究面临的难题之一。目前，深部大变形、构造应力、采动影响、松软围岩等复杂条件下大断面井巷（硐室）围岩控制理论与技术，已成为当前矿业工程领域研究的热点与难点。

　　针对平顶山矿区深部高应力、大断面井巷（硐室）掘进和支护施工地质条件，巷道变形破坏严重、支护和维修费用高以及巷道变形量已经影响矿井安全生产的现状，2015 年 3 月—2020 年 3 月，平顶山天安煤业股份有限公司与河南理工大学、淮北市平远软岩支护工程技术有限公司合作开展了"基于'支护固'理论的煤矿井巷中平施工法研发与应用"项目研究。项目采用理论分析、数值计算、实验室试验、相似材料模拟试验以及现场工业性试验等综合方法开展研究工作，在以下三个方面进行了技术集成和理论创新：

　　（1）创立了具有平顶山矿区特色的煤矿深部井巷施工法（简称中平施工法），提出了该施工法技术规范。中平施工法采用钢丝绳网喷射混凝土和底板卸压槽卸压成巷以后，进行第一次浅部、第二次深部围岩注浆以及后期加固注浆,在井巷围岩形成具有自稳和承载能力的"壳拱组合圈"。

(2)提出了"支护固"概念。深部巷道采用中平施工法施工以后,巷道周围形成了钢丝绳网喷射混凝土喷层(简称薄壳)、锚注组合圈以及浆液扩散加固圈。通过锚杆的耦合支护作用,薄壳和锚注组合圈构成了以围岩体为主体,能够承受一定载荷的注浆岩体承载结构,称为"壳拱组合圈",简称"支护固"。

(3)建立了"支护固"支护理论。研究了深部圆形巷道"壳拱组合圈"的组成、锚注支护混凝土喷层与锚杆力学耦合关系;将圆形巷道"壳拱组合圈"简化为上部和下部"壳拱组织拱",建立了深部圆形巷道上部"壳拱组合拱"承载强度计算力学模型,推导了"壳拱组合拱"承载强度计算公式。

本书在上述研究成果的基础上,参考了平顶山天安煤业股份有限公司完成的和与我国高校、科研单位合作完成的研究成果,以及河南理工大学和中国矿业大学等高校、科研单位的部分研究成果后撰写而成。各章主要研究内容如下:

第1章研究了平顶山矿区地质构造和主采煤层赋存特征。

第2章通过实验室试验和现场地应力测试,研究了平顶山矿区主采煤层顶底板岩层物理力学参数和矿区地应力分布规律。

第3章阐明了中平施工法的概念、施工方法以及喷射橡胶混凝土力学性质及其合理配比问题。

第4章运用数值模拟研究了硐室(大断面巷道)在无支护、传统锚网喷支护(锚喷支护)、"多层锚网喷+卸压槽"联合支护和"多层锚网喷注+卸压槽"联合支护4种支护方式下,硐室围岩应力场、位移场以及塑性区的分布特征,为硐室最优支护方式的选择提供了理论依据。

第5章提出了"锚网喷注+卸压槽"支护技术,运用数值模拟研究了巷道底板卸压槽的卸压机理、卸压槽技术参数以及围岩注浆参数等。

第6章针对平煤一矿三水平下延戊一采区回风上山工程地质条件,通过相似材料模拟研究了锚网喷支护且底板无卸压槽、锚网喷注支护(锚注支护)且底板无卸压槽以及锚网喷注支护且底板有卸压槽3种支护方式,在埋深为400～1 200 m、侧压系数为1.5～3.0条件下巷道围岩稳定、变形移动和破坏特征;对比分析了卸压槽、围岩注浆对深部巷道围岩应力、围岩位移以及变形破坏的影响。

第7章引入围岩有效载荷系数对深部巷道围岩稳定性进行分类,研究了巷道围岩松动圈范围、围岩变形速度与围岩有效载荷系数之间关系,提出了不同类型围岩巷道合理的支护方式。

第8章提出了"支护固"概念,研究了深部圆形巷道"壳拱组合圈"的结构、锚注支护混凝土喷层与锚杆力学耦合关系,建立了深部巷道"支护固"支护理论,为中平施工法提供了理论依据。

第9章提出了中平施工法深部巷道矿压显现在线监测技术,包括在线监测系统、监测内容、监测设备以及监测频率等。

第10章在平煤八矿一水平丁四采区轨道下山上部绞车房硐室进行了中平施工法现场工业性试验,试验取得了成功。

本书由平顶山天安煤业股份有限公司教授级高工涂兴子和高级工程师李如波、河南理工大学教授翟新献以及中国长江三峡集团有限公司博士翟俨伟合作撰写。第1、3、4章由涂兴子撰写,第2、9～11章由李如波撰写,第5、7章由翟俨伟撰写,第6、8章由翟新献撰写。

本书的出版得到了国家自然科学基金项目"煤矿深部特厚煤层综放开采覆岩裂隙场演化应用基础研究"(项目批准号:51574110)资助。本书第4章和第5章内容分别参考了李鹏远和李小帅的学位论文,第6章内容参考了李刚锋、张建国、孙猛的学位论文;河南理工大学肖同强副教授审核了第4章、第5章和第9章;博士生黄广帅、程坦和硕士生赵晓凡绘制了全书的插图。本书在撰写过程中参考了河南理工大学科研人员和平顶山矿区工程技术人员等研究人员已完成项目的研究成果、研究报告和学术论文,在此特向这些项目的研究单位和研究人员表示最诚挚的感谢。对本书中引用的所有参考文献的作者表示衷心的感谢,特别是对在有关网站和数据库中引用的而书中未能列出的参考文献的作者深表歉意和衷心感谢。正是上述研究人员和有关作者的研究成果丰富了本书的研究内容。

由于时间仓促,加上著者水平所限,书中不足和疏漏之处在所难免,恳请读者批评指正。

著　者
2020 年 3 月

目　　录

1　平顶山矿区地质构造特征

1.1　矿区概况

　　平顶山煤田位于河南省平顶山市,隶属中国平煤神马能源化工集团有限责任公司的平顶山天安煤业股份有限公司。平顶山矿区内主要矿井有:一矿、二矿、三矿、四矿、五矿、六矿、七矿、八矿、九矿、十矿、十一矿、十二矿、十三矿、首山一矿和香山矿等。平顶山矿区东起沙河和汝河交汇带的洛岗断层,西抵红石山附近的郏县断层,南至湛河北岸的煤层露头,北至汝河附近的襄郏断层;地理坐标为东经 $112°47'\sim114°00'$,北纬 $33°30'\sim34°05'$;矿区东西长 40 km,南北宽 10~20 km。平顶山煤田含煤地层属于石炭-二叠系,含煤面积 1 050 km²,主要可采煤层自下而上划分为庚、己、戊、丁 4 组煤层,主要可采煤层总厚度为 15~18 m。煤田煤种以 1/3 焦煤、肥煤、焦煤为主。平顶山矿区平面示意图如图 1-1 所示。

　　平顶山矿区是我国自行勘探、设计、建设的第一个特大型煤炭基地。矿区于 1953 年开始勘查,1955 年开工建井。截至 2014 年年底,矿区资源量为 56.81 亿 t,其中保有地质资源量为 44.0 亿 t,预测资源量为 12.81 亿 t。目前矿区内大中型生产矿井 20 对,资源整合矿井 27 对。矿区产能规模达 3 800 万 t/a,矿区所属矿井的开采深度以 10~30 m/a 的速度向井田深部延伸,有 10 对矿井采深超过 800 m,其中 3 对矿井采深超过 1 000 m。

　　平顶山矿区地面地形为低山丘陵,北高南低,地势起伏较大,地面标高 +135~+505 m。矿区煤层埋深一般在 100~1 200 m。煤田整体构造为轴向东西的李口向斜;煤田内南北两翼煤层埋藏较浅,煤田中部往中间靠近向斜轴的煤层埋藏逐渐加深,最深处达到 1 500 m。煤层顶底板完整性较好,多数矿井为高瓦斯矿井或突出矿井;各煤层煤尘均具有爆炸危险性,部分煤层为自燃-易自燃煤层。矿区地温梯度为 2~4 ℃/hm,在标高 −400~−700 m 之间出现一级高温区,−700 m 以深出现二级高温区。

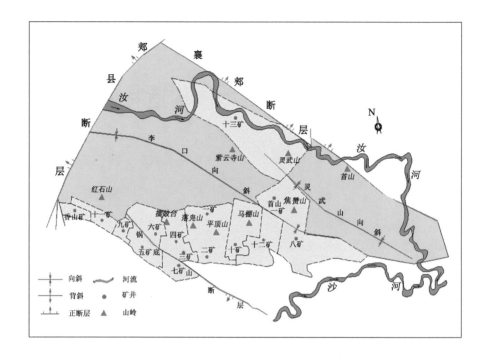

图 1-1　平顶山矿区平面示意图

1.2　矿区地质构造特征

　　平顶山矿区位于秦岭造山带后陆逆冲断裂褶皱带,长期受秦岭造山带的控制与改造,矿区及外围表现为一系列 NWW-NW 向褶皱平行排列的复式褶皱构造形态,伴随以 NWW-NW 向为主的断裂和 NNE-NE 向断裂。矿区地质构造纲要图如图 1-2 所示。

　　平顶山煤田四周大角度、千米落差的正断层将煤田抬起,使其成为一个独立的地垒构造单元。平顶山矿区内由南向北依次分布 NW 向宽缓的李口向斜、白石山背斜、灵武山向斜和襄郏背斜。矿区主体构造为李口向斜,其北西部相对宽缓,东南部相对收敛,两翼基本对称。李口向斜两翼地层倾角较缓,发育有次级褶曲,尤其是矿区东部井田,由北向南依次为襄郏背斜、灵武山向斜、白石山背斜、郭庄背斜、牛庄向斜、诸葛庙背斜和郝堂向斜等。平顶山矿区主要褶曲产状要素如表 1-1 所示。

　　平顶山矿区构造形态为一系列 NW 向的褶皱,以李口向斜为主。李口

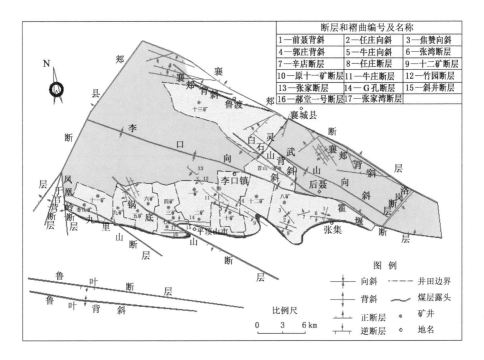

图 1-2 平顶山矿区地质构造纲要图

向斜为东南端收敛、西北端呈扇形展开的宽缓复式褶曲,向 NW 方向倾伏,轴向 NW50°,轴面近直立;向斜两翼倾角为 5°～15°,由轴部向两翼由浅至深倾角逐渐变小。次级褶皱有位于李口向斜轴以南的郝堂向斜、诸葛庙背斜、牛庄向斜和郭庄背斜;位于李口向斜轴以北的有白石山背斜、灵武山向斜和襄郏背斜。次级褶皱的明显特征是向斜宽缓、背斜窄陡。

矿区内断层主要为数组平行于褶曲轴向的正断层及逆断层,如锅底山正断层和白石沟逆断层等。其中对矿区地应力分布有较大影响的是锅底山正断层,该断层位于十一矿东南锅底山附近。受区域构造的控制,特别是李口向斜和锅底山正断层的影响,井田构造总体上为一 NE 向、缓倾斜的单斜构造,其地层走向 100°,倾向 10°,倾角为 6°～18°,属于东北盘(下盘)上升、西南盘(上盘)下降的正断层,断距为 45～150 m 不等,由北西端向南东端逐渐增大。

平顶山矿区的 NW-NWW 向褶皱、断裂构造,由于受挤压作用时间长、活动剧烈,遍及整个矿区,属于矿区的主控构造。该构造在一些区域与 NE-NNE 向构造叠加复合,如位于李口向斜东南收敛端的八矿,既受 NW-NWW 向构造控制又受 NE-NNE 向构造控制,两者发生复合作用,发育有 NE 向的前聂背斜、近 NW 向的焦赞向斜以及 NW 向与 NE 向联合作用控制的任庄向斜盆形构造。

表 1-1　平顶山矿区主要褶曲产状要素

褶曲位置	褶曲名称	轴向	倾伏端	两翼倾角	影响范围
李口向斜北东翼	襄郏背斜	NW-SE	SE	10°～25°	十三矿东部、浅部
	灵武山向斜	NW-SE	SE	NE 翼 25° SE 翼 15°	十三矿东部、首山一矿、八矿北部
	白石山背斜	NW-SE	两端	NE 翼 7°～16° SW 翼 4°～8°	十三矿东部、首山一矿
李口向斜南西翼	前聂背斜	NE	NE	/	八矿东部
	焦赞向斜	近 NW	N	/	八矿中部
	任庄向斜	盆形	/		八矿浅部
	郭庄背斜	NW-SE	SE	NE 翼 8°～15° SE 翼 6°～11°	八矿、十矿、十二矿、一矿东部
	牛庄向斜	NW-SE	NW	5°～10°	十矿、十二矿、一矿东部
	山庄向斜	NW-SE	/	NE 翼 39° SE 翼 80°	五矿
	诸葛庙背斜	NW-SE	NNW	W 翼 30° E 翼 15°	五矿
	东高庄向斜	NW	/	0°～20°	八矿
	十矿向斜	SE35°	SE	NE 翼 5°～8° SW 翼 5°～10°	十矿
	高庄背斜	NW15°-SE15°	/	15°	七矿
	高庄向斜	NW17°-SE17°	/	/	七矿
	郝堂向斜	NW-SE	/	NE 翼 5°～11° SW 翼 10°	七矿

注:"/"表示方向不确定。

平顶山矿区断裂构造发育,主要有 NWW-NW 向和 NNE-NE 向两组断层,主要断层走向与李口向斜轴向基本一致,断层使构造复杂化。矿区四周除了大角度、千米落差的襄郏断层外,还有郏县正断层、鲁叶正断层、洛岗正断层,这些断层将平顶山煤田抬起,使其成为一个独立的地垒构造单元。矿区内较大断层还有霍堰正断层、七里店正断层、白石沟逆断层、任庄正断层、九里山逆断层等,这些断层大都分布在生产区外围,目前对煤矿生产无影响。但锅底山正断层是一个控煤断层,不仅是划分三矿、四矿、五矿、六矿、七矿井田范围的自然断层(自然边界),而且断层两侧发育有派生的次一级小断层,使其控制区构造复杂。平顶山矿区主要断层构成要素如表 1-2 所示。

表 1-2 平顶山矿区主要断层构成要素

断层名称	性质	产状				延伸长度/km	影响范围
		走向	倾角/(°)	倾向	落差/m		
锅底山断层	正断层	N49°W	60°~70°	SW	120~190	>25.0	十一矿、九矿、五矿、七矿、三矿、四矿、六矿和先锋矿
九里山断层	逆断层	N49°W	26°~42°	NE	170~750	>17.0	矿区外围,对煤层无重大影响
襄郏断层	正断层	315°	75°	45°	700	—	十三矿北部边界
张湾断层	正断层	近 EW	38°	N	0~30	4.1	八矿
辛店断层	正断层	N78°E	70°	NNW	0~80	2.9	八矿
任庄断层	正断层	N49°W	75°	NE	0~140	>3.5	八矿
十二矿断层	逆断层	N44°W	30°~45°	NE	14~35	4.7	十矿、十二矿
原十一矿断层	逆断层	N44°W	46°	SW	27	2.6	十矿、十二矿
牛庄断层	逆断层	N42°W	40°~60°	NE	20~37	4.5	三矿、十矿、十二矿
竹园断层	逆断层	N36°W	50°	SW	40	>1.1	一矿、二矿
张家断层	逆断层	N42°W	40°	SW	34	1.9	一矿、二矿
G 孔断层	逆断层	N64°W	25°~50°	NNE	15~35	>7.0	二矿、三矿
斜井断层	正断层	N63°W	60°~75°	SSW	40	>5.0	二矿、三矿
郝堂一号断层	正断层	N65°W	48°~70°	NNE	18~60	5.0	七矿

平顶山矿区内分布的地质构造主要有:李口向斜,锅底山正断层,由牛庄向斜、郭庄背斜、原十一矿逆断层、牛庄逆断层、竹园逆断层、张家逆断层等组成的 NW 向褶曲断层带,焦赞向斜,灵武山向斜,白石山背斜,霍堰正断层,白石沟逆断层等。矿区四周边界分布有郏县断层、襄郏断层、洛岗断层等大型断裂构造。

李口向斜为平顶山矿区的主体构造,从矿区南东端到矿区北西端,贯穿整个矿区,其两翼基本对称,控制着整个矿区的构造形态。矿区主要构造受李口向斜控制,走向与李口向斜走向趋于平行,呈 NW-SE 向,属于矿区级构造。从这个意义上讲,整个矿区为一个构造区即李口向斜构造区,因此认为李口向斜为矿区一级构造。以李口向斜轴部为界,平顶山矿区明显划分为李口向斜南西翼区和北东翼区两个二级构造区。除了矿区边界构造外,其余构造均位于两个二级构造区内。

锅底山断层属于平顶山矿区较大的断裂构造之一,位于李口向斜南西翼区域。该断层西起十一矿,穿过九矿,经过五矿己二扩大采区与六矿之间、三矿与七矿之间,到达平顶山市区,之后向南东方向延伸。该断层呈 NW-SE 向展布,与李口向斜轴部大致平行;主断层面倾向 SW,呈上陡下缓的犁形(65°~30°);北东盘抬升,南西盘下降,断层落差 100~200 m 不等,断层倾角一般为 50°~60°,属于高角度正断层。靠近锅底山断层的区域,断裂构造均较发育,且上盘区断裂构造较下盘区发育,越靠近锅底山断层断裂构造越发育,远离锅底山断层断裂构造越简单。例如,断层上盘靠近锅底山断层的一矿己二扩大采区和七矿井田内的断裂构造,较远离锅底山断层的九矿、十一矿发育;断层下盘靠近锅底山断层的三矿井田内的断裂构造,较远离锅底山断层的五矿、四矿发育。因此认为,锅底山断层控制着一定范围内断裂构造的分布与发育,并且以断裂带控制区为界,在矿区东、西部的断裂构造均发生变化。所以锅底山断层具有分划作用,将平顶山矿区分为东西两部分,属于矿区级断裂构造;由于锅底山断层仅控制平顶山矿区西部一定的范围,属于较李口向斜次一级的矿区构造。从实际构造发育情况看,锅底山断层控制区主要包括十一矿东部、九矿、五矿己二扩大采区、七矿,以及锅底山断层下盘的五矿和六矿的东部。锅底山断层控制范围大致为平行于断层上盘 2.2 km,下盘 1.5 km;该区域地质构造复杂,尤其断裂构造发育。平顶山矿区李口向斜西南翼区域,南以锅底山断层控制区为界,西以郏县断层为界;该区域受郏县断层的控制和由牛庄向斜、郭庄背斜、原十一矿逆断层、牛庄逆断层等组成的 NW 向的褶曲断层带的影响,但该区断裂构造和褶皱构造均不发育,地质构造相对简单,属于构造简单区。

1.3 矿区主采煤层特征

平顶山矿区属于华北聚煤区,为豫西煤田的一部分,成煤时期为石炭纪和二叠纪。由于煤田地处华北地区的南缘,特有的古地理环境使其形成了多煤组、多煤层的沉积特征。

平顶山矿的含煤地层由石炭系太原组、二叠系山西组和石盒子组组成,总厚度为 800 m,含煤 7 组 88 层,自下而上为太原组的庚组煤层、山西组的己组煤层和石盒子组的戊、丁、丙、乙、甲组煤层。煤层总厚度为 30 m,含煤系数为 3.75%。矿区内主要可采煤层自下而上有庚$_{20}$、己$_{17}$、己$_{16}$、己$_{15}$、戊$_{10}$、戊$_9$、戊$_8$、丁$_6$、丙$_3$共 9 层,总厚度在 15~18 m 之间。局部可采煤层有庚$_{21}$、己$_{14}$、戊$_{11}$、丁$_7$、丁$_5$、乙$_2$共6层。平顶山矿区主要可采煤层特征如表1-3所示。

表 1-3 平顶山矿区主要可采煤层特征

煤层名称	煤质牌号	厚度(平均厚度)/m	倾角/(°)	稳定性	层间距/m	夹矸层数和夹矸厚度/m	备注
丙$_3$	1/3JM	0.80~1.70 (1.40)	7~35	不稳定	—	无	(1) 丁$_5$和丁$_6$、戊$_9$和戊$_{10}$以及己$_{16}$和己$_{17}$煤层有分层和合层之分,这里以合层煤层进行评定; (2) 丙组煤层位于平顶山煤系地层最上部,其中丙$_3$煤层平均厚度为1.4 m,属于局部可采煤层
丁$_{5-6}$	1/3JM	0.90~5.23 (3.50)	6~30	稳定	90	1~3层 0~0.06	
戊$_8$	FM, 1/3JM	0.80~3.20 (2.00)	4~27	稳定	80	1~2层 0~0.08	
戊$_{9-10}$	FM, 1/3JM	1.20~7.35 (4.00)	4~30	稳定	10	1~2层 0~1.30	
己$_{15}$	FM,1/3JM, JM	0.80~7.35 (1.50)	7~30	较稳定	170	1~2层 0~0.32	
己$_{16-17}$	FM,1/3JM, JM	0.69~8.50 (4.00)	5~38	稳定	10	1~4层 0~0.08	
庚$_{20}$	FM, JM	0.26~3.40 (1.80)	6~25	较稳定	70	2~3层 0~0.70	

1.3.1 丁组煤层

丁组煤层所属煤系地层平均厚度为84 m,由紫色泥岩、砂质泥岩、灰色粉砂岩、灰白色细-中粒长石石英砂岩和煤层组成。含煤3~5层,其中丁$_6$煤层为区内主要可采煤层;丁$_5$煤层局部可采,属于较稳定煤层;部分区域丁$_5$、丁$_6$煤层合为一层;丁$_4$煤层井田内偶见可采点,属于不稳定煤层。含煤段上部为细-中粒砂岩,颜色灰白-纯白,含杂色较少;泥岩和砂质泥岩中含紫色斑和暗斑;含煤段下部具紫斑和暗斑,含米黄色大鲕粒及豆粒和不规则的菱铁质结核。

（1）丁$_5$煤层

丁$_5$煤层位于下石盒子组五煤段中上部,上距丙$_3$煤层80 m左右。煤层结构简单,偶见一层0.10~0.55 m厚夹矸。煤层厚度为0.55~1.85 m,平均厚度为0.96 m,可采性指数为0.78,厚度变异系数为0.41,属较稳定煤层。煤层顶板为砂质泥岩,底板为泥岩。

（2）丁$_6$煤层

丁$_6$煤层位于下石盒子组丁组煤中部，上距丁$_5$煤层 0～10 m，沉积稳定，发育良好。煤层厚度为 1.09～3.64 m，平均厚度为 2.18 m；煤层可采性指数为 0.95，厚度变异系数为 0.40，属于稳定煤层。煤层结构较复杂，含 1～2 层泥岩或碳质泥岩夹矸。煤层顶板主要为砂质泥岩，底板为砂质或碳质泥岩。

1.3.2　戊组煤层

戊组煤层下距己$_{15}$煤层一般为 170 m，含煤 14 层，其中主要可采煤层有戊$_{10}$、戊$_9$ 和戊$_8$ 煤层，局部可采煤层有戊$_{11}$ 煤层，戊$_{10}$ 和戊$_9$ 煤层多以合层（戊$_{9\text{-}10}$）煤层形式存在，常见合层煤层厚度为 4 m 左右；在矿区的中部地区（如一矿矿区），部分区域的戊$_{10}$、戊$_9$ 和戊$_8$ 煤层合并成一层（戊$_{8\text{-}10}$）煤层，厚度可达 6 m 左右。戊$_{9\text{-}10}$ 煤层属于稳定煤层，一般含 1～2 层夹矸。戊$_8$ 煤层下距戊$_{9\text{-}10}$ 煤层顶板约 10 m；除矿区中部地区常与戊$_{9\text{-}10}$ 煤层合并外，戊$_8$ 煤层通常以单层存在，煤层厚度一般为 2 m 左右，全区可采，属于稳定煤层。

（1）戊$_{9\text{-}10}$ 煤层

戊$_{9\text{-}10}$ 煤层位于下石盒子组，含夹矸 1～2 层，偶尔含夹矸 3～6 层，煤层结构较复杂，厚度变异系数为 0.39，可采性指数为 1，属于稳定的全区可采煤层，煤层厚度变化总趋势南厚北薄。戊$_{9\text{-}10}$ 煤层直接顶、底板分别为深灰色泥岩、砂质泥岩，基本顶为含植物化石的细粒砂岩。

（2）戊$_8$ 煤层

戊$_8$ 煤层位于下石盒子组，含夹矸 1～2 层，煤层结构较简单，煤层厚度变异系数为 0.49，可采性指数为 0.6，属于稳定的局部可采煤层。戊$_8$ 煤层直接顶、底板分别为深灰色砂质泥岩、泥岩。

1.3.3　己组煤层

己组煤层中可采煤层为己$_{15}$ 和己$_{16\text{-}17}$ 煤层。己$_{15}$ 煤层上距戊$_{9\text{-}10}$ 煤层 140～200 m，平均 170 m；煤层厚度为 0.80～7.35 m，一般为 1.5 m，总体趋势为东部厚、西部薄（十矿以西）；煤层倾角 7°～30°；煤层夹矸 1～2 层，夹矸厚度为 0～0.32 m，属于复杂结构的较稳定煤层。己$_{16\text{-}17}$ 煤层上距己$_{15}$ 煤层 0～31 m，平均 10 m，与己$_{15}$ 煤层层间距在煤田中部大、两翼小；己$_{16}$ 和己$_{17}$ 煤层大部分合层，总体趋势为西部（四矿以西）以合层为主、东部时合时分；煤层厚度为 0.69～8.50 m，一般为 4.0 m，总体趋势为李口向斜南翼煤层西厚、东薄，李口向斜北翼煤层西薄、东厚；煤层倾角 5°～38°；煤层夹矸 1～4 层，夹矸厚度为 0～0.08

m;属于复杂结构的稳定煤层。

1.3.4 庚组煤层

庚组煤层上距己组煤层层间距为 50～70 m。庚组煤层含庚$_{18}$～庚$_{20}$ 3 层煤层;煤层数较多,但各煤层厚度较薄,仅庚$_{20}$煤层为可采煤层,其他均为不可采煤层。庚$_{20}$煤层为缓倾斜中厚煤层,煤层倾角为 6°～25°,平均为 10°;煤层厚度为 0.26～3.40 m,平均厚度为 1.80 m;煤层煤种为肥煤,煤体比较松软破碎,普氏系数为 0.45;煤层结构较复杂,含薄层状泥岩及碳质泥岩夹矸 2～3 层。煤层直接顶为深灰色厚层状 L$_6$ 灰岩,平均厚度为 4.2 m;普氏系数为 8～9,岩石坚硬、性脆,局部裂隙和岩溶发育。煤层直接顶上部为 1.5 m 厚的深灰色砂质泥岩,其上为庚$_{19}$煤层。煤层直接底为灰色砂质泥岩和细砂岩;基本底为 8.0～10.0 m 厚的石灰岩层。

1.4 小结

本章重点介绍了平顶山矿区地质构造和主采煤层赋存特征。平顶山煤田含煤地层属于石炭-二叠系,含煤面积 1 050 km²,主要可采煤层自下而上为庚、己、戊、丁 4 组煤层,主要可采煤层总厚度为 15～18 m。平顶山煤田四周大角度、千米落差的正断层将煤田抬起,使其成为一个独立的地垒构造单元。平顶山矿区内由南向北依次分布 NW 向宽缓的李口向斜、白石山背斜、灵武山向斜和襄郏背斜。矿区地质构造以断裂为主,以褶皱为辅。其中 NW 向高角度正断层为主导构造,对煤田构造起控制作用。矿区构造形态为一系列 NW 方向的褶皱,以李口向斜为主。矿区断裂构造发育,主要有 NWW-NW 向和 NNE-NE 向两组断层,主要断层走向与李口向斜轴向基本一致,其中 NW-NWW 向褶皱的断裂构造为平顶山矿区的主控构造。矿区内断层主要为数组平行于褶曲轴向的正断层及逆断层。

2 平顶山矿区地应力分布规律研究

平顶山矿区主要沉积石炭-二叠纪煤系地层,含煤地层总厚度 800 m 左右。煤层自上而下为:上、下石盒子组的甲、乙、丙、丁、戊组煤层,山西组的己组煤层,以及太原组的庚组煤层。煤层总厚度 30 m 左右,其中可采煤层厚度为 15~18 m,全矿区主采煤层为丁、戊、己、庚组煤层。

2.1 主采煤层顶底板岩层物理力学参数

平煤四矿为平顶山天安煤业股份有限公司的主力矿井之一,2014 年矿井设计生产能力为 280 万 t/a,核定生产能力为 330 万 t/a,属于突出矿井。平煤四矿井田位于平顶山煤田中部,东与平煤一、二矿相邻,西与五、六矿接壤,南与三矿相邻;井田西起 32 勘探线,东止于 43 勘探线,井田深部境界标高−800 m;井田东西走向宽度 5.4 km,南北倾斜长度 11.41 km,井田面积约 19.3 km²;井田地表为北高南低的低山丘陵地形,地面标高在+160~+400 m 之间。

平煤四矿井田采用立井多水平开拓方式。矿井主采煤层为丁$_{5-6}$煤层、戊$_8$煤层、戊$_{9-10}$煤层、己$_{15}$煤层、己$_{16}$煤层、己$_{16-17}$煤层。主提升系统分别位于一水平主井和二水平主井;副井为一、二水平共用,井底车场为环形卧式车场,通过主石门连接丁、戊、己组煤层采区。矿井第一水平标高±0 m,第二水平标高−265 m,第三水平标高−600 m。目前矿井第一水平已经报废,第二水平为生产水平,第三水平为准备水平。矿井生产采用单一走向长壁式采煤法,综合机械化采煤工艺,全部垮落法管理顶板。

2.1.1 含煤地层特征

平煤四矿井田含煤地层有太原组、山西组、下石盒子组和上石盒子组下段。煤系地层下伏地层为石炭系本溪组的铝土页岩,上覆地层为上石盒子组上段的平顶山砂岩。煤系地层总厚度为 768.10~839.83 m,煤层累计总厚度为 30.72~41.21 m,含煤系数为 3.9%~4.9%。煤系地层中泥岩、页岩和细碎屑岩所占比例较大,各含煤地层及煤岩层特征详见平煤四矿矿井综合地质柱状,如图 2-1 所示。

地层单位			累计厚度/m	岩层厚度/m	柱状图（1∶200）	岩性简述
第四系			4.2	4.2	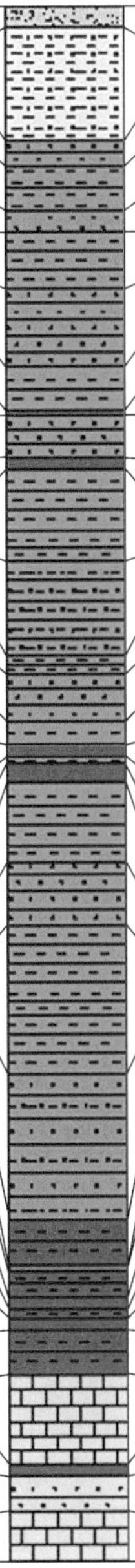	表土
			42.9	38.7		碎石黄泥层
二叠系	石盒子组		50.4	7.5		黄色中粒砂岩
			61.8	11.4		灰色页岩
			69.0	7.2		黄色砂岩
			88.5	19.5		灰色页岩
			111.8	23.3		灰黄色细砂岩
			124.7	12.9		灰色页岩
			125.6	0.9		丁5煤层
			137.1	11.5		灰白色中粒砂岩
			138.8	1.7		丁6煤层
			167.8	29.0		灰色页岩
			195.1	27.3		灰白色砂质页岩夹细砂岩
			202.7	7.6		灰色页岩
			217.3	14.6		灰白色中粒砂岩
			222.7	5.4		深灰色页岩
			224.8	2.1		戊8煤层
			226.3	1.5		碳质黏土页岩
			229.9	3.6		戊9-10煤层
			257.4	27.5		灰色页岩
			278.0	20.6		灰白色中粒砂岩
			334.6	56.6		灰色页岩
			392.4	57.8		灰白色中粒砂岩及砂页岩
	山西组		406.5	14.1		灰色页岩
			407.9	1.4		己15煤层
			413.4	5.5		碳质黏土页岩
			414.8	1.4		己16煤层
			416.0	1.2		深灰色砂质页岩
			417.3	1.3		己17煤层
			426.5	9.2		灰色页岩
石炭系	太原组		465.1	38.6		石灰岩
			466.6	1.5		庚20煤层
			475.1	8.5		灰白色细砂岩夹砂质页岩
			484.3	9.2		石灰岩

图 2-1　平煤四矿矿井综合地质柱状图

2.1.1.1　含煤地层

（1）石炭系上石炭统太原组

按照含煤性该组称为庚（A）煤段。该组含煤地层总厚度为 68.44 m，含煤平均厚度为 3.67 m，含煤系数为 5%。所含煤层为庚$_{18}$～庚$_{23}$煤层，多数煤层达不到可采厚度，仅庚$_{20}$煤层可采。

（2）二叠系下二叠统山西组

按照含煤性该组称为己（B）煤段。该组含煤地层总厚度为 20～60 m，含煤平均厚度为 3.07～7.00 m，含煤系数为 3%～11%。所含煤层为己$_{14}$～己$_{17}$煤层，其中己$_{15}$、己$_{16}$、己$_{17}$为可采煤层。

（3）二叠系下二叠统下石盒子组

按照含煤性该组称为戊（C）煤段。该组含煤地层平均厚度为 83.07 m，含煤平均厚度为 8.31 m，含煤系数为 10%。所含煤层为戊$_{8}$～戊$_{13}$煤层，其中戊$_{8}$～戊$_{10}$煤层可采，戊$_{12}$、戊$_{13}$煤层为煤线。

（4）二叠系上二叠统上石盒子组

按照含煤性该组称为丁（E）煤段。该组下段为含煤地层，地层厚度为 532.68～565.12 m，含煤平均厚度为 15.67～22.23 m，含煤系数为 3%～4%。该组所含煤层为甲、乙、丙、丁组煤层。丁组煤层含煤系数为 6%～12%，含丁$_4$～丁$_7$煤层，其中丁$_5$、丁$_6$煤层普遍可采，丁$_4$、丁$_7$煤层不可采或局部可采。

2.1.1.2　可采煤层

平煤四矿井田为石炭-二叠纪含煤地层，按自上而下的开采顺序和可采性，煤层可划分为甲、乙、丙、丁、戊、己、庚 7 个煤组。井田范围内发育的可采煤组，按照层间距的大小划分为丁组、戊组、己组和庚组煤层。

（1）丁组煤层

丁组煤层含丁$_4$、丁$_5$、丁$_6$、丁$_7$ 4 层煤层。其中，丁$_4$、丁$_7$煤层不可采或局部可采，丁$_5$、丁$_6$煤层普遍合层为丁$_{5-6}$煤层。丁$_{5-6}$煤层厚度稳定，一般厚度为 3.5 m，为矿井主采煤层。

（2）戊组煤层

戊组煤层含戊$_8$、戊$_9$、戊$_{10}$、戊$_{11}$、戊$_{12}$、戊$_{13}$ 6 层煤层。其中，戊$_{11}$、戊$_{12}$、戊$_{13}$煤层属于不可采煤线，戊$_8$煤层一般厚度为 1.8～2.0 m，戊$_9$、戊$_{10}$煤层合层为戊$_{9-10}$煤层，厚度为 3.0～3.5 m，属于矿井主采煤层。戊$_8$与戊$_{9-10}$煤层层间距较小，为 2.0～5.0 m，属于近距离煤层，因此戊$_8$煤层回采时，底部戊$_{9-10}$煤层释放的卸压瓦斯将会给戊$_8$煤层采煤工作面瓦斯治理带来一定困难。

（3）己组煤层

己组煤层含己$_{15}$、己$_{16}$、己$_{17}$ 3 层煤层。其中，己$_{15}$煤层平均厚度为 1.5 m，己$_{16}$、己$_{17}$煤层厚度变化较大,有时单独成层,有时两层合并。己$_{16}$、己$_{17}$煤层在采区西翼合层为己$_{16-17}$煤层,平均厚度为 4.2 m;在采区东翼分层,己$_{16}$煤层平均厚度为1.8 m。己$_{15}$、己$_{16-17}$煤层为矿井的主采煤层。

（4）庚组煤层

庚组煤层含庚$_{18}$～庚$_{23}$ 6 层煤层,煤层数较多,但各煤层厚度较薄,多为不可采煤层,仅庚$_{20}$煤层可采,煤层厚度在 2.0 m 左右。目前庚$_{20}$煤层处于开拓准备阶段。

2.1.2 煤层顶底板岩层物理力学参数

2010 年 6 月河南理工大学岩石力学实验室在平煤四矿井下采煤工作面,对丁$_{5-6}$、戊$_8$、戊$_{9-10}$、己$_{15}$、己$_{16-17}$和庚$_{20}$煤层及各煤层直接顶和老顶(基本顶)分别取煤样和岩样,共计 12 组大块岩样和 6 组大块煤样,取样地点如表 2-1 所示。按照煤炭行业煤岩力学性质试验标准,将大块煤样和岩样制作成圆柱形标准煤岩样,在实验室 MTS 岩石力学试验系统上对煤岩样的物理力学性质进行了系统的测定。平煤四矿主采煤层及其顶板岩层的物理力学参数测试结果如表 2-1 和表 2-2 所示。

表 2-1 主采煤层物理力学参数测试结果

煤层编号	取样地点	煤层厚度/m	单轴抗压强度/MPa	弹性模量/GPa	变形模量/GPa	取样数量/块
丁$_{5-6}$	丁$_{5-6}$-19190	3.5	14.44	2.99	1.64	2
戊$_8$	戊$_8$-19170	1.8～2.0	9.10	3.19	1.41	3
戊$_{9-10}$	戊$_{9-10}$-19160	3.0～3.5	11.43	2.51	2.68	3
己$_{15}$	己$_{15}$-23110	1.5	13.75	3.42	1.44	3
己$_{16-17}$	己$_{16-17}$-23030	4.2	12.49	2.86	1.46	3
庚$_{20}$	庚$_{20}$-21040	2.0	13.28	3.57	1.47	2

表 2-2 主采煤层顶板岩层物理力学参数测试结果

煤层编号	取样地点	取样岩层岩性/位置	岩层厚度/m	密度/(kg/m³)	单轴抗压强度/MPa	弹性模量/GPa	抗弯强度/MPa
丁$_{5-6}$	丁$_{5-6}$-19190	中粗粒砂岩/老顶	12.0	2 588	98.088	24.374	11.60
		砂质泥岩/直接顶	8.5	2 575	122.927	28.080	10.56

表 2-2(续)

煤层编号	取样地点	取样岩层岩性/位置	岩层厚度/m	密度/(kg/m³)	单轴抗压强度/MPa	弹性模量/GPa	抗弯强度/MPa
戊₈	戊₈-19170	细砂岩/老顶	2.0	3 561	115.810	46.480	34.35
		砂质泥岩/直接顶	7.0	7 484	0.080	15.110	14.26
戊₉₋₁₀	戊₉₋₁₀-19160	砂岩/直顶板	12.0	2 580	115.217	25.905	41.92
己₁₅	己₁₅-23110	中粒砂岩(大占砂岩)/老顶	22.0	2 779	65.326	25.866	28.35
		砂质泥岩/直接顶	6.5	2 552	31.457	13.473	11.55
己₁₆₋₁₇	己₁₆₋₁₇-23030	泥岩/直接顶	12.0	2 572	32.831	10.711	10.05
庚₂₀	庚₂₀-21040	砂岩/老顶	15.0	2 588	27.930	11.130	10.55
		石灰岩/直接顶	6.0	2 664	70.450	28.990	18.05

平煤八矿、十矿、十二矿对各自矿井的戊、己组煤层的采煤工作面煤样及其高抽巷或底抽巷围岩岩样的物理力学参数进行了系统的测定,得出主采煤层及其顶底板岩层的物理力学参数,如表 2-3 和表 2-4 所示。

表 2-3　平顶山矿区不同矿井煤岩物理参数测试结果

矿井名称	取样地点	饱和密度/(kg/m³)	天然密度/(kg/m³)	干密度/(kg/m³)	孔隙率 n/%	含水率 W/%	饱和吸水率 Wₚ/%
平煤八矿	己₁₅-22060 底抽巷(岩样)	2 570	2 550	2 540	1.17	0.43	0.49
	己₁₅-22040 采面(煤样)	1 380	1 260	1 250	9.42	0.90	1.03
	戊₈-21030 高抽巷(岩样)	2 550	2 530	2 500	1.96	0.27	0.40
	戊₉₋₁₀-12160 采面(煤样)	1 400	1 300	1 290	7.86	0.82	1.97

表 2-3(续)

矿井名称	取样地点	饱和密度/(kg/m³)	天然密度/(kg/m³)	干密度/(kg/m³)	孔隙率 n/%	含水率 W/%	饱和吸水率 W_p/%
平煤十矿	己₁₅-24100 高抽巷（岩样）	2 550	2 520	2 500	1.96	0.74	1.28
	戊₉-20180 采面（煤样）	1 590	1 550	1 530	3.77	0.83	1.50
	戊₈-30010 高抽巷（岩样）	2 590	2 560	2 550	1.54	0.62	0.69
	己₁₅-24080 机巷（煤样）	1 700	1 670	1 660	2.35	0.85	1.56
平煤十二矿	己₁₄-31010 采面（岩样）	2 590	2 570	2 550	1.54	0.83	1.99
	己₁₅-17200 进风巷（煤样）	1 350	1 310	1 300	3.35	1.21	3.46

表 2-4 平顶山矿区不同矿井煤岩力学参数测试结果

矿井名称	取样地点	抗压强度 σ_c/MPa	抗拉强度 σ_t/MPa	黏聚力 c/MPa	内摩擦角 φ/(°)	弹性模量 E/GPa	泊松比 μ
平煤八矿	己₁₅-22060 底抽巷（岩样）	65.00	7.10	14.00	37.0	28.00	0.23
	己₁₅-22040 采面（煤样）	7.30	1.48	2.70	19.0	6.45	0.21
	戊₈-21030 高抽巷（岩样）	78.00	7.91	17.00	30.0	23.00	0.22
	戊₉₋₁₀-12160 采面（煤样）	7.79	1.55	3.20	20.0	4.94	0.24

表 2-4(续)

矿井名称	取样地点	抗压强度 σ_c/MPa	抗拉强度 σ_t/MPa	黏聚力 c/MPa	内摩擦角 φ/(°)	弹性模量 E/GPa	泊松比 μ
平煤十矿	己$_{15}$-24100 高抽巷(岩样)	21.30	1.80	5.00	33.0	18.00	0.28
	戊$_9$-20180 采面(煤样)	8.66	1.70	3.20	18.6	4.25	0.26
	戊$_8$-30010 高抽巷(岩样)	80.70	8.57	15.00	38.00	46.00	0.23
	己$_{15}$-24080 机巷(煤样)	8.16	1.60	3.20	18.5	9.60	0.28
平煤十二矿	己$_{14}$-31010 采面(岩样)	27.30	3.60	6.90	33.2	10.30	0.25
	己$_{15}$-17200 进风巷(煤样)	7.30	1.50	3.24	16.5	3.75	0.22

2.2　矿区地应力分布规律

2.2.1　地应力分布基本规律

地应力是存在于地层中的未受工程扰动的天然应力。地应力的形成主要与地球的各种运动过程有关,如地心引力、地质构造运动、地幔热对流、地球旋转等,其中重力作用和构造运动是引起地应力的主要原因。由于岩体自重而引起的应力,称为自重应力;由于地质构造运动而引起的应力,称为构造应力。由于构造运动随时间、空间的变动而变化,因此,地应力场在时间、空间上具有复杂性和多变性的特征。

由地层自重产生的地应力的水平应力一般为垂直应力的 25%～43%,但大量地应力实测结果表明,水平应力一般高于垂直应力,有时甚至数倍于垂直应力,其主要原因是地层中存在构造应力。大量研究表明,构造应力分布的基本特点为:① 构造应力主要表现为水平应力;② 构造应力分布不均匀,构造附近主应力的大小、方向变化较剧烈;③ 在大的区域构造应力场中,构造应力具有明显的方向性,并且通常两个方向的水平应力值是不相等的;④ 构造应力在坚硬岩层中普遍存在,主要原因是坚硬岩层强度大,可积聚大量的弹性能。

地应力分布具有一定的规律性。其中垂直应力 σ_v 随岩层深度增加呈线性增长且大致等于覆岩自重应力,如图 2-2(a)所示。构造应力场具有以下基本规律:

(1) 水平应力普遍大于垂直应力。在水平或近似水平的平面内,一般存在两个主应力,即最大水平主应力 $\sigma_{h,max}$、最小水平主应力 $\sigma_{h,min}$。绝大多数情况下,$\sigma_{h,max}$ 普遍大于 σ_v。$\sigma_{h,max}$、$\sigma_{h,min}$、σ_v 三者之间,多数情况下 $\sigma_{h,max} > \sigma_{h,min} > \sigma_v$,少数情况下 $\sigma_{h,max} > \sigma_v > \sigma_{h,min}$,个别情况下 $\sigma_v > \sigma_{h,max} > \sigma_{h,min}$。

(2) 平均水平应力 $\sigma_{h,av}$ $[(\sigma_{h,max} + \sigma_{h,min})/2]$ 与垂直应力 σ_v 的比值随岩层埋藏深度增加而减小,两者比值的分布情况如图 2-2(b)所示。随着岩层埋藏深度 H 增加,$\sigma_{h,av}$ 与 σ_v 比值的变化范围逐渐缩小。在埋深小于 1 000 m 时,$\sigma_{h,av}/\sigma_v$ 值为 0.4~3.5,分布较分散;埋深超过 1 000 m 后,$\sigma_{h,av}/\sigma_v$ 值逐渐向 1.0 靠拢,这说明地壳深部岩层将有可能出现静水压力状态。

依据图 2-2 中的有关数据,经霍克-布朗回归得到 $\sigma_{h,av}/\sigma_v$ 值随埋藏深度 H 变化的取值范围:

$$\frac{100}{H} + 0.3 \leqslant \frac{\sigma_{h,av}}{\sigma_v} \leqslant \frac{1\,500}{H} + 0.5 \tag{2-1}$$

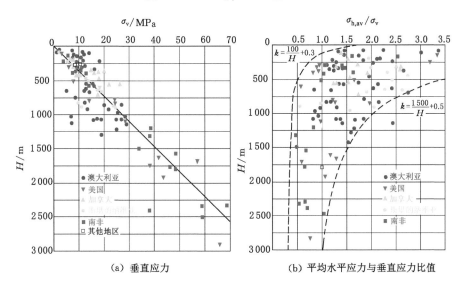

（a）垂直应力　　　　　（b）平均水平应力与垂直应力比值

图 2-2　岩层地应力与埋深之间关系

目前,我国煤矿深部矿井的开采深度多数在 800~1 000 m,少数达到 1 200~1 300 m。按 1 000 m 深度计算,平均水平应力与垂直应力比值的范围为0.4～2.0。在地质构造区域,平均水平应力与垂直应力比值更大,构造应力仍然非常显著。

（3）随着岩层埋藏深度的增加,最大水平主应力 $\sigma_{h,max}$ 和最小水平主应力 $\sigma_{h,min}$ 呈线性增长关系。与垂直应力相比,在以埋深为变量的线性回归方程中,水平应力回归方程中的常数项较大,这反映了地壳浅部水平应力仍较显著的事实。

（4）最小水平主应力 $\sigma_{h,min}$ 和最大水平主应力 $\sigma_{h,max}$ 一般相差较大,两者比值一般为 0.2～0.8,多数情况下为 0.4～0.8,如表 2-5 所示。

表 2-5　不同区域两个水平主应力比值统计结果

实测地点	统计数目	$\sigma_{h,max}/\sigma_{h,min}$			
		1.0～>0.75	0.75～>0.50	0.50～>0.25	0.25～0
斯堪的纳维亚等地	51	14%	67%	13%	6%
北美	222	22%	46%	23%	9%
中国	25	12%	56%	24%	8%
中国华北地区	18	6%	61%	22%	11%

2.2.2　平顶山矿区地应力场特征

我国高等院校和科研院所的研究人员采用空心包体应力解除法、水压致裂法等现场测试方法,对平顶山矿区一矿、四矿、五矿、六矿、八矿、九矿、十矿、十一矿和十三矿等主要矿井 45 个测点进行了现场地应力实测,地应力测点位置如图 2-3 所示。为了便于分析地应力测试结果,将近似于垂直方向的主应力称为垂直主应力 σ_v,近似于水平方向的主应力称为水平主应力,并根据水平主应力大小分为最大水平主应力 $\sigma_{h,max}$ 和最小水平主应力 $\sigma_{h,min}$。在对平顶山矿区主要矿井地应力分布规律进行统计分析的基础上,总结了平顶山矿区地应力分布规律。

平顶山矿区最大水平主应力、最小水平主应力和垂直主应力都具有随埋藏深度增加而增大的线性关系,同时存在一定的离散性,如图 2-4 所示。采用最小二乘法对最大水平主应力、最小水平主应力和垂直主应力进行线性回归后得出,水平主应力和垂直主应力基本随着埋深的增加而近似线性增大,但也存在一定的离散性;垂直主应力随着埋深的增加而增大的相关性最好。垂直主应力、最大和最小水平主应力与埋深之间的定量关系式如下:

$$\sigma_v = 0.018\,3H + 3.875\,5$$
$$\sigma_{h,max} = 0.042\,0H - 3.408\,2 \qquad (2-2)$$
$$\sigma_{h,min} = 0.017\,2H + 2.814\,5$$

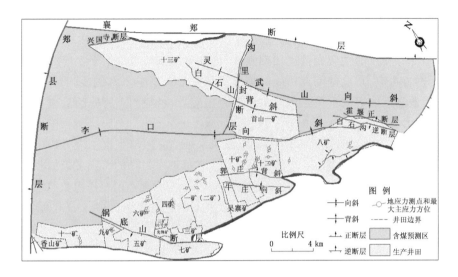

图 2-3　矿区地应力测点布置和最大水平主应力方位

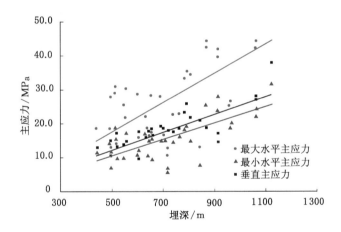

图 2-4　矿区地应力与埋深之间关系

式中　σ_v——测点垂直主应力,MPa;

$\sigma_{h,\max}$——最大水平主应力,MPa;

$\sigma_{h,\min}$——最小水平主应力,MPa;

H——测点埋深,440 m≤H≤1 130 m。

由式(2-2)可以看出,最大水平主应力 $\sigma_{h,\max}$ 的梯度(0.042 0)大于2倍的垂直主应力 σ_v 的梯度(0.018 3),其比值达到2.295 1,远大于1;但 $\sigma_{h,\max}$ 的常数项为负值,小于 σ_v 的常数项,说明存在 $\sigma_{h,\max}<\sigma_v$,同时也存在 $\sigma_{h,\max}>\sigma_v$,所

以平顶山矿区的地应力场既有自重应力场,也有构造应力场。

矿区地应力的三个方向主应力与埋深之间的线性关系存在局部的离散性,即部分测点的主应力偏离回归直线,而部分测点的最大水平主应力接近或小于垂直主应力,这些测点所处的地应力场以垂直主应力为主,属于自重应力场;其他测点的最大水平主应力大于垂直主应力,这些测点所处的地应力场以构造应力场为主。

在对地应力场的分析研究中,测点最大水平主应力与垂直主应力的比值称为侧压系数 λ。根据侧压系数的大小可确定矿区地应力场的特征。依据收集得到的地应力资料可知,平顶山矿区有效的 43 个地应力测点的侧压系数与埋深之间关系如图 2-5 所示。在 43 个测点中,侧压系数的范围为 0.50~2.70,其中,侧压系数小于 1.00 的测点有 9 个,占测点总数的 20.9%;侧压系数大于 1.00 的测点有 34 个,占测点总数的79.1%,其中侧压系数在 1.00~1.50 范围内的测点有 12 个,侧压系数大于 1.50 的测点有 22 个。由此可知,平顶山矿区侧压系数与埋深之间关系不明显,因此认为整个矿区以构造应力场为主,自重应力场为辅。

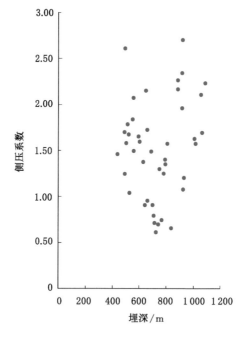

图 2-5 矿区侧压系数与埋深之间关系

2.2.3 平顶山矿区东部、中部和西部井田地应力

根据地应力测试结果和地应力在平顶山矿区各井田的分布规律,将平顶

山矿区划分为东部、中部和西部井田三个分区。矿区东部井田包括八矿、十矿、十二矿;矿区中部井田包括一矿、二矿、三矿、四矿、六矿;矿区西部井田包括五矿、七矿、九矿、十一矿。对平顶山矿区东部、中部和西部井田地应力与埋深之间关系进行统计分析后得到,东部和中部井田的最大水平主应力、垂直主应力和最小水平主应力都具有随着埋深的增加而增大的线性关系;西部井田的垂直主应力具有随着埋深的增加而增大的线性关系,而水平主应力表现出随着埋深的增加而有所减小的趋势,如图 2-6～图 2-8 所示。经回归分析得出,平顶山矿区东部、中部和西部井田地应力与埋深之间的数学关系。

（1）矿区东部井田地应力与埋深之间的数学关系:

$$\sigma_v = 0.019\,3H + 5.543\,1$$
$$\sigma_{h,max} = 0.036\,0H - 8.506\,3 \tag{2-3}$$
$$\sigma_{h,min} = 0.022\,0H + 0.059\,6$$

式中各参数意义同前。

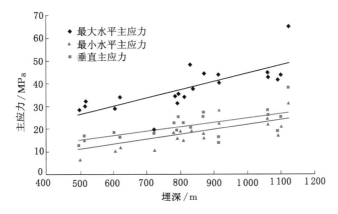

图 2-6　矿区东部井田地应力与埋深之间关系

（2）矿区中部井田地应力与埋深之间的数学关系:

$$\sigma_v = 0.015\,4H + 6.509\,2$$
$$\sigma_{h,max} = 0.020\,0H + 10.811\,0 \tag{2-4}$$
$$\sigma_{h,min} = 0.011\,1H + 6.875\,9$$

式中各参数意义同前。

（3）矿区西部井田地应力与埋深之间的数学关系:

$$\sigma_v = 0.017\,9H + 5.535\,1 \tag{2-5}$$

式中各参数意义同前。

依据上述分析得出,平顶山矿区地应力场受区域地质构造的影响较大,矿

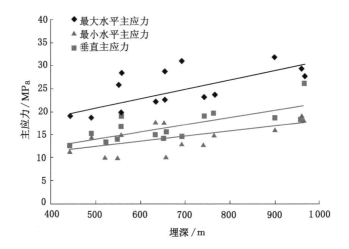

图 2-7 矿区中部井田地应力与埋深之间关系

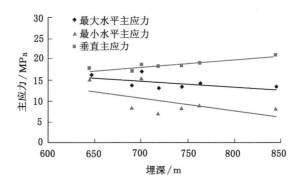

图 2-8 矿区西部井田地应力与埋深之间关系

区东部、中部和西部井田的地应力场类型不同。平顶山矿区东部井田地应力以水平主应力为主,属于构造应力场类型,其最大水平主应力与垂直主应力的比值为 1.37～2.69;中部井田受到 NE 方向构造应力的挤压作用,以水平主应力为主,属于弱构造应力场,其最大水平主应力与垂直主应力的比值为 1.02～1.90;而西部井田地应力以垂直主应力为主,属于自重应力场类型,其最大水平主应力与垂直主应力的比值为 0.60～0.92。

2.3 小结

本章通过实验室试验和现场地应力测试,研究了平顶山矿区主采煤层顶底板岩层物理力学参数和矿区地应力分布规律,得到了测点垂直地应力、水平地应力与埋深之间的定量关系。平顶山矿区煤系地层以煤层、泥岩、粉砂岩、砂岩和灰岩为主要岩性,煤岩物理力学性质具有华北沉积岩层各向异性的特点,岩石强度参数与岩石岩性密切相关。矿区属于高地应力矿区,东部井田地质构造较西部复杂,东部井田地应力较西部大。矿区地应力以构造应力为主,自重应力是重要组成部分。地应力实测资料统计结果表明,矿区最大主应力为构造应力,一般沿水平方向分布;垂直主应力主要受重力影响,为中间主应力;最小主应力也是近水平分布。矿区主应力大小与埋深呈线性正相关关系,随着埋深的增加矿区测点地应力逐渐增大。

3 深部工程软岩巷道中平施工法

在平顶山矿区近年来有关研究成果的基础上,基于平顶山天安煤业股份有限公司深部矿井高应力复杂地质条件下软岩巷道(硐室)的支护经验和技术,通过研究和完善巷道支护参数设计、开发适应支护系统的产品、规范巷道支护施工工艺,建立了具有平顶山矿区特色的深部高应力复杂地质条件下巷道(硐室)的"支护固"支护理论和施工方法,主要包括深部巷道(硐室)掘进与支护的理论、技术、设计、施工、矿压观测以及技术规范等内容,简称中平施工法。

与适用于隧道、浅部地下工程和井巷的国际上公认的新奥法施工法不同,中平施工法是现阶段在井巷施工理论和施工技术的基础上,适用于我国煤矿深部高应力复杂地质条件下工程软岩井巷的施工法。采用中平施工法施工的井巷,可在围岩中形成具有自稳和承载能力的"壳拱组合圈",简称"支护固",从而能保持围岩的长期稳定。与目前常用的深部高应力软岩井巷的二次或多次支护以及锚网索注联合支护相比,中平施工法避免了井巷围压特别是底板围岩长期蠕变造成的井巷扩修或者重复翻修,避免或减少了井巷翻修时锚杆、锚索材料消耗以及人工消耗等。因此,中平施工法将极大地提高我国深井高应力地质条件下工程软岩巷道支护技术水平,实现井巷一次支护后无翻修的目标,是平顶山矿区深部井巷支护技术的一次革命,对深部高应力软岩巷道支护具有广泛的推广应用前景。

中平施工法主要包括:锚喷支护韧性混凝土喷层及其施工方法;底板卸压槽控制巷道底鼓及其施工方法;钢丝绳网喷射橡胶混凝土的中平施工法等有关内容。

3.1 锚喷支护韧性混凝土喷层及其施工方法

锚喷支护为锚杆与喷射混凝土联合支护的简称。在稳定和中等稳定围岩巷道的支护中,锚喷支护已经成为煤矿的主要支护形式。锚喷支护施工方便,对围岩支护迅速、及时,能够充分发挥围岩的自承能力和锚杆承载作用。然而,近年来随着煤层开采向深部发展,越来越多的煤矿遇到深部松软岩层,在这类岩层和破碎带中开掘的巷道或硐室,矿压显现十分明显,主要表现为顶板下沉、两帮开裂和底板鼓起,造成围岩变形量大,巷道破坏严重,甚至需要多次翻修才能保证正常使用。目前,在松软、破碎和膨胀围岩中,以及在高地应力和受采动影响的巷道中,单一锚喷支护的应用受到限制。对大量失修巷道的现场观测结果表明,造成锚喷支护失效的主要原因在于,含金属网或钢筋网的锚喷支护的混凝土喷层,其刚度和极限变形量与锚杆和巷道围岩变形不匹配,整体性能差。由于混凝土喷层的刚度过大,不允许围岩充分卸压,围岩作用在混凝土喷层上的挤压力过大,导致喷层开裂,当围岩变形发展到一定程度时,就会出现喷层脱落、锚杆外露、锚喷支护失效,进而加剧围岩的变形和破坏。目前混凝土喷层多由水泥、河沙、米石和速凝剂等组成,凝结硬化后为典型的脆性材料,在巷道轴向和环向允许变形量较小,仅能承受压应力,抗拉强度和抗剪强度较低。当巷道围岩变形量超过$100\sim150$ mm 时,混凝土喷层就开始出现裂缝;随着围岩变形量的增加,裂缝逐渐加宽和加深;当围岩变形量超过 $250\sim300$ mm 时,出现混凝土喷层脱落。混凝土喷层脱落区域锚杆托盘松动,锚杆失去承载能力,锚喷支护失效,围岩处于无支护状态,从而加剧围岩变形速度,围岩稳定性恶化。因此,研制适应深部工程软岩巷道锚喷支护的韧性混凝土喷层,提高混凝土喷层的整体性能,降低混凝土喷层刚度,增加混凝土喷层极限变形量,以及提高混凝土喷层残余强度,是当前在深部工程软岩和破碎带区域巷道中进一步推广锚喷支护的技术关键。

巷道锚喷支护韧性整体混凝土喷层的施工方法是:采用轴向、环向钢丝绳代替传统锚喷支护中的金属网;在钢丝绳搭接处利用预应力锚杆固定钢丝绳;喷射混凝土施工后,在巷道围岩表面形成整体性好的混凝土喷层,提高锚喷支护的整体性。锚喷支护韧性混凝土喷层施工步骤如下:

(1)巷道掘出形成毛断面后,为防止围岩风化,初次喷射一层混凝土;

(2)施工第一层锚杆,在锚杆末端挂钢丝绳,安装托盘,施加预应力,然后喷射第二层混凝土;

(3)施工第二层锚杆、挂钢丝绳和喷射第三层混凝土;

(4)施工第三层锚杆、挂钢丝绳和喷射第四层混凝土。

上述混凝土喷层,强度等级不低于 C35,初喷层厚度为 80 mm,第二、三喷层厚度为 100 mm,第四喷层厚度为 70 mm。按照参数设计要求,喷射混凝土应做到喷层厚度均匀,喷层表面光滑、无明显凹凸,表面超挖和欠挖量不得大于50 mm,并杜绝漏喷、无喷等现象发生。在喷射混凝土过程中要有专人为喷浆手照明。如图 3-1～图 3-3 所示。

上述锚杆系高强度左旋无纵肋螺纹钢金属锚杆,锚杆规格为 ϕ22 mm×2 400 mm,间排距 700 mm×700 mm。

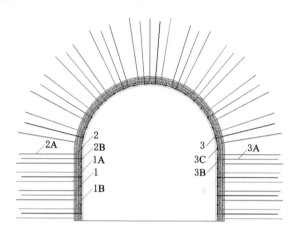

1—第一层喷射混凝土;1A—第一层锚杆;1B—第一层钢丝绳;2—第二层喷射混凝土;

2A—第二层锚杆;2B—第二层钢丝绳;3—第三层喷射混凝土;3A—第三层锚杆;

3B—第三层钢丝绳;3C—第三层钢丝绳副绳;4—第四层喷射混凝土。

图 3-1 锚喷支护韧性混凝土喷层结构示意图

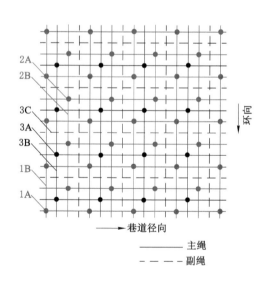

1A—第一层锚杆;1B—第一层钢丝绳;2A—第二层锚杆;2B—第二层钢丝绳;

3A—第三层锚杆;3B—第三层钢丝绳;3C—第三层钢丝绳副绳。

图 3-2 韧性混凝土喷层中钢丝绳网布置立面图

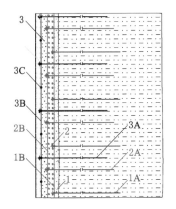

1—第一层喷射混凝土;1A—第一层锚杆;1B—第一层钢丝绳;2—第二层喷射混凝土;

2A—第二层锚杆;2B—第二层钢丝绳;3—第三层喷射混凝土;3A—第三层锚杆;

3B—第三层钢丝绳主绳;3C—第三层钢丝绳副绳;4—第四层喷射混凝土。

图 3-3　韧性混凝土喷层剖面图

上述钢丝绳为废旧矿用钢丝绳经清洁处理后无油的钢丝绳,规格为矿用钢丝绳中的两股,直径为 12~20 mm。两股钢丝绳必须牢固地密贴于初次喷层(或上一喷层)的层面上,严禁将钢丝绳直接吊挂在裸露的岩面上。沿巷道轴向,钢丝绳长度不得小于 10 m;沿巷道环向,钢丝绳长度必须横贯除巷道底板以外的整个断面周长。钢丝绳必须按照轴向、环向分别通过锚固锚杆的托盘,并要压紧绷直,严禁漏压;钢丝绳通过锚固锚杆的末端,必须在两股钢丝绳间将锚杆末端夹紧。两绳间的搭接长度不得小于 400 mm;必须顺花压茬编花,压茬要紧固,茬口要光滑,杜绝出现两绳间不搭接现象。

3.2　底板卸压槽控制巷道底鼓及其施工方法

由于巷道掘进或煤层开采的影响破坏了原岩应力场,引起巷道围岩应力重新分布,当围岩集中应力超过围岩强度时,围岩发生塑性变形,主要表现在巷道顶底板和两帮围岩向巷道空间移动,其中巷道底板向巷道空间内的移动称为底鼓。巷道底板通常处于无支护或者无封闭状态,较巷道顶板和两帮的支护强度低,因此,深部巷道(硐室)底鼓问题一直是影响巷道(硐室)围岩稳定的主要因素,大量的现场观测表明,底鼓量约占巷道顶底板移近量的 80% 以上。巷道底鼓不仅增加顶底板移近量,缩小巷道断面尺寸,影响巷道的正常运输、通风和行人,而且当底鼓量达到 0.8~1.0 m 以上时,巷道需要卧底维修,甚至需要反复卧底,巷道维修费用高。对安装有大型固定设备的大断面硐室来说,如果发生较大的底鼓,将会造成大型设备底座基础倾斜,直接影响设备的正常运转,给矿井安全生产带来严重的隐患。随着煤矿开采深度的增加,矿井地质条件恶化,巷道围岩成为深部工程软岩,其底鼓问题更加突出。大量的现场观测结果表明,在开采深度为 $600\sim800$ m 的条件下,产生底鼓的巷道占 25% 左右;在开采深度为 900 m 的条件下,底鼓巷道约占 40%;当开采深度超过 $1\,000$ m 时,底鼓巷道超过 80%,且随开采深度的增大,底鼓量及其在顶底板移近量中所占的比例逐渐增大。底鼓严重的巷道还会引起巷道两帮移近量增加,巷道围岩处于流变状态,需要耗费大量的人力、物力和财力进行多次翻修,甚至造成整条巷道报废。因此,如何有效地控制深部巷道底鼓,保持巷道围岩的长期稳定,对于保证煤矿深部巷道的正常生产具有重要的现实意义。

卸压法是控制深部巷道底鼓的主要方法之一。目前国内外常用的卸压方法有:① 在巷道围岩中开槽、切缝、钻孔或松动爆破;② 在受保护巷道附近开掘专用的卸压巷道;③ 回采巷道顶底板煤层进行大面积卸压或将巷道布置在煤层开采后的应力降低区内。深部巷道常用的控制巷道底鼓的卸压方法为底板卸压槽卸压,其控制巷道围岩底鼓和围岩变形的机理主要为:通过对巷道底板开掘卸压槽或对巷道两脚底板围岩实施松动爆破卸压;卸压后巷道底板的高应力区转移到深部岩层中,使底板形成"强—弱—强"稳定的受力结构;利用卸压槽的收缩变形减缓和消除巷道底板向巷道空间内的变形,保持底板的稳定。底板卸压槽包括两脚底板卸压槽和中部底板卸压槽,其卸压效果主要取决于卸压槽尺寸,即卸压槽的深度和宽度。在卸压槽开掘以后,巷道底板高应力区向深部围岩转移,从而使浅部底板围岩处于低应力区。目前在采用风镐施工的条件下,卸压槽的深度直接影响施工难易程度和卸压效果,卸压槽较浅时影响卸压效果,较深时则施工难度加大。因此,我们在平顶山矿区现场试验的基础上,结合数值计算结果,开发出底板卸压槽控制深部巷道底鼓及其施工方法,给出了深部巷道底板卸压槽的位置,确定了卸压槽合理尺寸,改善了深部巷道围岩应力分布状态,提高了支护效果,可以保证深部巷道围岩的长期稳定和煤矿的正常生产。

底板卸压槽控制深部巷道底鼓,有利于充分发挥深部围岩的承载能力,减小浅部围压的支护阻力,从而降低巷道的支护难度,达到有效维护巷道围岩稳定的目的。底板卸压槽控制深部巷道底鼓的具体施工方法如下(见图 3-4~图 3-6):

(1) 掘进巷道进行锚喷支护。深部巷道开掘出来且围岩成型以后,对围

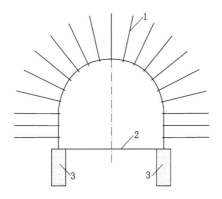

1—锚杆;2—巷道底板;3—卸压槽。

图 3-4 锚喷支护巷道剖面图

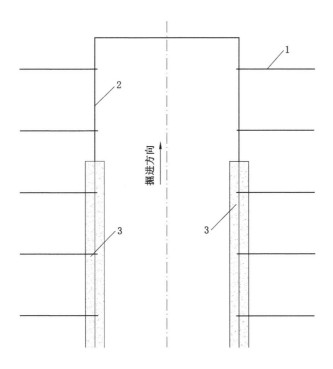

1—锚杆;2—巷道底板;3—卸压槽。

图 3-5 巷道支护平面布置示意图

岩实施锚喷支护。

(2) 利用风镐人工开挖底板底脚双卸压槽。锚喷支护成巷以后,为控制巷道底板发生底鼓,在巷道底板两脚开挖出双卸压槽;以巷道两帮边界线为卸压

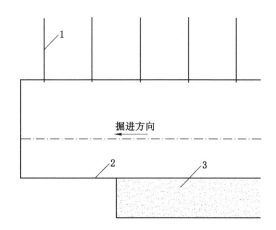

1—锚杆;2—巷道底板;3—卸压槽。

图 3-6　巷道支护轴向剖面图

槽中心对称线;卸压槽断面形状为矩形,深度为 2 000 mm,宽度为 800 mm。卸压槽为巷道底鼓预留一定的变形空间,在底板形成两个"弱结构"。

(3) 对底板注浆和对卸压槽进行混凝土充填。卸压槽掘出,巷道围岩发生变形,经过 10~15 d 围岩卸压以后,当出现巷道底板卸压槽内破碎岩石被压缩和压碎,吸收底板围岩变形量时,说明卸压槽形成的"弱结构"对巷道底板中的高应力进行了有效释放,改善了巷道围岩应力分布状况,主要表现为围岩发生移动,在围岩中出现新的裂隙或者原有闭合裂隙进一步扩展和张开。此时需要对巷道底板进行注浆加固,之后对底板卸压槽进行混凝土充填密实,使巷道底板围岩形成两个"强结构"。巷道底板出现"强—弱—强"受力结构,有效地控制了巷道底鼓。

(4) 对巷道两帮和顶板进行围岩注浆。在巷道两帮变形和顶板下沉速度稳定以后,及时对巷道两帮和顶板进行注浆加固,提高围岩的整体性能和锚杆的支护强度,确保巷道围岩长期处于稳定状态。

3.3　钢丝绳网喷射橡胶混凝土的中平施工法

对深部工程软岩巷道,无论采用外支承为主的 U 型钢金属支架还是采用内加固为主的锚喷和注浆联合支护,当巷道开掘出来以后,首先要对新暴露的围岩实施打锚杆、挂金属网、喷射混凝土支护,利用混凝土喷层加固和封闭巷道围岩,最后对围岩实施注浆加固。喷射混凝土是将一定配合比的水泥、沙子、石子以及速凝剂的拌合料，以压缩空气为动力，利用混凝土喷射机，通过管道输送到喷枪出口处，与水混合后，以较高的速度分层喷射到岩石壁面而凝结硬化成的一种混凝土。因此，喷射混凝土支护具有充填裂隙、填补凹陷、加固岩层的作用，已经成为煤矿深部工程软岩巷道的基本支护方式。

深部工程软岩巷道锚杆、金属网、喷射混凝土和注浆联合支护(有时简称锚网注支护或锚注支护)中存在的主要问题如下：

(1) 现有普通喷射混凝土存在允许变形量小、抗拉强度低的缺陷，属于脆性材料。当巷道围岩允许变形量超过 50~100 mm，混凝土喷层出现裂缝、破碎、松动和脱落等变形破坏现象，喷射混凝土支护失效。混凝土喷层开裂、松散以后极易引起喷层内部金属网或钢筋网腐蚀和混凝土劣化，这是造成锚喷支护或锚网注支护失效的主要原因。因此，现有普通喷射混凝土支护已经难以适应深部工程软岩巷道大变形和长期流变的地质条件。

与普通喷射混凝土相比，钢纤维喷射混凝土的抗拉、抗剪和抗弯强度等力学性能都有不同程度的提高，同时增加了喷射混凝土的韧性，改变了混凝土脆性破坏特征，使其具有较高强度和一定的延性。钢纤维喷射混凝土中钢纤维与混凝土基体共同承受外部载荷，混凝土基体是外力的主要承担者。在外力的作用下，混凝土微裂缝急剧扩张，但钢纤维混凝土开裂以后仍能保持较高的抗弯、抗剪强度，其中钢纤维的存在对混凝土张力裂缝的发展起到阻碍作用。但钢纤维混凝土仍然为脆性材料，在围岩变形大、自稳性差的深部软弱围岩、膨胀性围岩进行锚网注联合支护时，钢纤维喷射混凝土支护的应用仍受到限制。

(2) 目前采用的锚网注支护中的金属网(钢筋网)难以与巷道围岩紧密贴合，且金属网网孔偏小，混凝土喷层与巷道围岩接触不密实甚至离层，使深部工程软岩锚网注支护性能降低；并且受到金属网阻挡，喷射混凝土回弹率高、喷层密实性差，甚至出现空洞和松散区。锚网注支护中的金属网(钢筋网)通常采用低碳钢丝编织(焊接)而成，其常规规格(长×宽)为 1 m×2 m、2 m×4 m、1 m×3 m，钢丝直径为 2.0~6.5 mm，网孔尺寸(长×宽)一般为 100 mm×100 mm、120 mm×120 mm。巷道开掘出来以后新暴露的围岩断面通常凹凸不平，利用锚杆将金属网挂上固定以后，金属网将围岩断面的凹陷区域遮挡，当喷射压力较大或喷射距离较远时，喷射混凝土可能堆积在金属网的外面，在金属网的内面形成空洞或松散区，如果围岩含水丰富，金属网极易发生锈蚀而失去护帮性能；当喷射压力过大或喷射距离较近时，由于金属网的阻挡，造成喷射混凝土出现大量回弹。

（3）现有的围岩注浆锚杆一般由普通镀锌无缝钢管加工而成,没有预紧力和锚固力,仅仅对围岩起到注浆加固的作用,起不到锚杆锚固的作用,实际上为注浆钢管。

我们针对深部工程软岩巷道围岩应力高、强度低、变形量大、支护费用高等支护技术难题,从改善巷道围岩应力状态、提高围岩体强度和改变围岩体物理力学性质的角度,在对平顶山矿区深部岩巷变形破坏机理分析的基础上,提出了煤矿巷道围岩主动支护和全程观测监控的先进理念,逐渐形成了深部工程软岩巷道钢丝绳网喷射橡胶混凝土支护技术,即采用钢丝绳网橡胶柔性混凝土喷层、卸压槽卸压后降低围岩应力,同时增加了围岩的可注性;通过注浆锚杆实施浅部围岩的低压注浆和深部围岩的高压注浆,确保锚固锚杆具有可靠的着力点,提高锚杆的锚固力和锚固性能;通过巷道围岩变形连续观测和监控,适时对巷道围岩实施后期注浆和局部注浆加固。通过上述技术集成创新和现场实践验证,该施工方法可以保持深部工程软岩巷道围岩的长期稳定。深部工程软岩巷道支护断面和支护结构如图 3-7～图 3-10 所示。

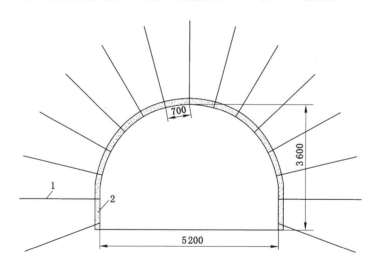

1—金属锚杆;2—钢丝绳网橡胶柔性混凝土喷层。

图 3-7　深部工程软岩巷道支护断面图

深部工程软岩巷道钢丝绳网喷射橡胶混凝土的中平施工法具体施工方法如下:

（1）深部工程软岩巷道采用光面爆破法施工成巷,并对围岩初次喷射橡胶混凝土。

每次循环爆破结束形成巷道围岩的毛断面以后,立即对新暴露的围岩初

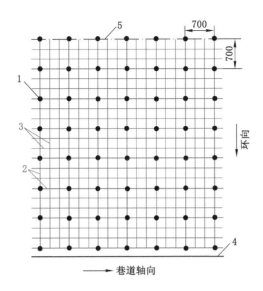

1—金属锚杆；2—主绳；3—副绳；4—巷道底板；5—巷道拱顶线。

图 3-8　巷道轴向钢丝绳网展布图

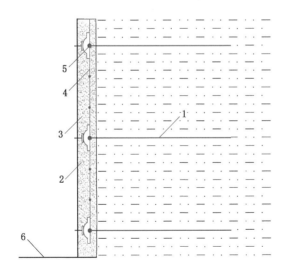

1—金属锚杆；2—橡胶颗粒；3—混凝土喷层；4—环向钢丝绳；5—轴向钢丝绳；6—巷道底板。

图 3-9　钢丝绳网橡胶混凝土喷层结构断面

次喷射橡胶混凝土,初喷层厚度为 80 mm。

　　(2) 巷道围岩初喷以后,在围岩悬挂钢丝绳网,并利用金属锚杆进行固

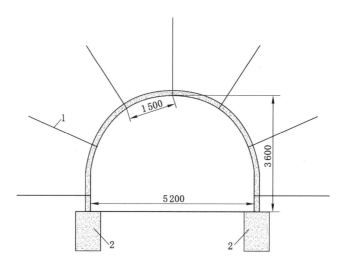

1—自固式中空注浆锚杆;2—底板卸压槽。

图 3-10　巷道注浆支护断面图

定,然后喷射橡胶混凝土,在巷道围岩形成一定厚度的钢丝绳网橡胶混凝土喷层。

巷道围岩初喷以后,悬挂主、副钢丝绳形成钢丝绳网。在钢丝绳网主绳搭接处打锚杆孔,再利用树脂锚固剂锚固金属锚杆杆体,安装托盘,并施加预紧力。利用锚杆预紧力将钢丝绳网固定在巷道围岩表面。

选用的金属锚杆为高强度左旋无纵肋螺纹钢金属锚杆,规格为 $\phi 22$ mm $\times 2\,400$ mm,间排距 700 mm$\times$700 mm。

选用的钢丝绳网是经过加工处理的钢丝绳作为主、副绳编制而成的钢丝绳经纬网,其中主绳与锚杆托盘直接相连,固定在围岩面上;副绳不与锚杆托盘相连。首先将矿用钢丝绳截割成径向(即沿巷道的轴向)和环向钢丝绳,其中钢丝绳径向长度不得小于 10 m,环向长度必须横贯除巷道底板外的整个断面周长;再将径向和环向钢丝绳进行分股处理,主绳为双股,副绳为单股,单股绳直径为 $4\sim10$ mm。钢丝绳间的搭接长度不得小于 400 mm,必须顺花压茬编花,压茬要紧固,茬口要光滑,杜绝出现两绳间不搭接现象。钢丝绳必须牢固地密贴于初次喷层(或上一喷层)的层面上,严禁将钢丝绳直接吊挂在裸露的岩面上。

(3) 施工巷道底板卸压槽,利用卸压槽的收缩变形,改善巷道围岩应力状态,且在围岩中出现次生裂隙,有利于后期围岩注浆。

利用风镐在巷道底板两脚开掘卸压槽。卸压槽形状为矩形,深度为 $2\,000$ mm,宽度为 800 mm。卸压时间在 $10\sim15$ d。卸压以后利用喷射混凝土将底板卸压槽充填密实。

（4）巷道底板卸压以后，利用自固式中空注浆锚杆对围岩（包括底板）分次注浆加固，确保深部工程软岩巷道围岩长期处于稳定状态。

首先在钢丝绳网副绳区域打浅部注浆锚杆孔，安装自固式中空注浆锚杆，并进行一次浅部围岩注浆；浅部围岩注浆结束以后，在钢丝绳网副绳区域打深部注浆锚杆孔，安装自固式中空注浆锚杆，并进行二次深部围岩注浆。

巷道锚网喷支护以后，对围岩进行第一次浅孔注浆。浅孔注浆锚杆规格为 $\phi22$ mm×1 800 mm，间排距为 1 500 mm×1 500 mm；待浆液凝固以后，对围岩进行第二次深孔注浆。深孔注浆锚杆规格为 $\phi22$ mm×2 200 mm，间排距为 1 500 mm×1 500 mm，注浆孔深度为 2 500～3 500 mm，其中超出注浆锚杆以里注浆孔区域为裸孔。锚杆与围岩表面垂直，其中底脚注浆锚杆下扎角度为 30°～45°。注浆采用强度等级 42.5R 以上的高标号水泥，水、水泥、沙子的质量比为 1∶2∶2。

根据现场注浆试验，第一次注浆压力控制在 2.0～2.5 MPa，其中底脚注浆锚杆的注浆压力高于顶板和两帮围岩注浆锚杆的注浆压力，一般控制在 3.0～3.5 MPa。第二次注浆压力高于第一次注浆压力，注浆终压控制在 3.5 MPa。

3.4　橡胶混凝土力学性质及其合理配比试验

目前锚网注支护为深部工程软岩巷道的主要支护形式。喷射混凝土的主要作用如下：① 及时封闭围岩和金属网，使其与空气隔绝和避免与水接触，减轻环境因素在巷道支护中产生的不良影响，如围岩潮解、风化及钢筋网锈蚀；② 填平成形巷道围岩的凹陷处，使围岩应力集中点减少，有效阻止围岩松动。随着巷道埋藏深度的增加，巷道围岩在支护后仍然会发生一定的变形，所以要求巷道表面喷射混凝土有一定的变形能力，这对喷射混凝土的韧性提出了更高的要求。然而传统的喷射混凝土由碎石、沙和水泥混合制成拌合料，经喷射机械输送到受喷面，存在自重大、韧性差等缺点。目前喷射混凝土研究重点集中在高强度，而对喷射混凝土韧性研究得相对较少。

我国是汽车生产和消费大国，每年报废大量的汽车轮胎，然而废旧轮胎橡胶颗粒具有良好的弹性，用作喷射混凝土中的骨料，可以明显改善喷射混凝土延性差、抗冲击强度低以及抗疲劳性较差的问题。使用橡胶粉等体积取代部分砂作为细骨料以及掺入加工废旧轮胎产生的副产品钢丝制备而成的喷射混凝土，不仅可以解决传统喷射混凝土自重大的缺点，而且改善了喷射混凝土的脆性、提高了韧性,同时实现了废旧轮胎资源的回收利用。

3.4.1 试验材料

(1)水泥。试验选取河南省焦作市坚固水泥厂生产的42.5(R)强度等级普通硅酸盐水泥。

(2)沙。选用信阳黄沙。该沙符合《建筑用砂》(GB/T 14684—2011)的要求,选用级配合理、细度模数为2.8的坚硬耐久的中砂,其表观密度为2 650 kg/m³,堆积密度为1 565 kg/m³,含泥量小于3%,吸水率小于1%。

(3)石子。选择碎石。该石子符合《建筑用卵石、碎石》(GB/T 14685—2011)的要求,选用级配合理、粒径为5~10 mm的坚硬耐久的碎石,且粒形要好,针、片状颗粒含量小于15%;石子表观密度为2 650 kg/m³,堆积密度为1 450 kg/m³,含泥量小于1%,吸水率小于1%。

(4)橡胶粉。选用焦作市弘瑞橡胶有限公司利用废旧轮胎制成的26目橡胶粉,其表观密度为1.106 g/cm³。

试验选取的橡胶粉掺量分别为等体积取代砂量的5%、10%、15%、20%(以下简化表示橡胶粉掺量为5%、10%、15%、20%)作为细骨料制备喷射混凝土。混凝土材料配合比见表3-1,其中K代表空白组,X_5、X_{10}、X_{15}、X_{20}表示混凝土中橡胶粉掺量分别为5%、10%、15%、20%。

表 3-1　橡胶粉在喷射混凝土中的掺量

试件编号	水胶比	水泥/(kg/m³)	石子/(kg/m³)	砂/(kg/m³)	橡胶粉/(kg/m³)
K	0.42	450	900	900	0
X_5	0.42	450	900	855	19.14
X_{10}	0.42	450	900	810	38.28
X_{15}	0.42	450	900	765	57.42
X_{20}	0.42	450	900	720	76.56

3.4.2 试验方法

(1)成型方法及养护条件。由于加入的橡胶粉质量比较轻,长时间震动容易使橡胶粉上浮且分散不均,所以本试验混凝土的成型采用插捣为主、震动为辅的方法;混凝土的养护模拟煤矿地下环境,采用温度为(22±2)℃、湿度为(90±2)%的环境条件进行养护。

(2)试样尺寸及测试方法。由于碎石子粒径较小,进行橡胶混凝土抗压强度、抗折强度及弯曲时变形试验时,均采用尺寸40 mm×40 mm×160 mm

的长方形试样进行测试,所用测试设备为 WDW-20 型万能试验机,其中试样跨度调节为 100 mm,加载速度为 0.2 mm/min;试样韧性的表征方式采用弯曲断裂时的变形量。劈裂抗拉强度试验参照《普通混凝土力学性能试验方法标准》(GB/T 50081—2002)进行,试样尺寸为 100 mm×100 mm×100 mm。

3.4.3 试验结果分析

(1)橡胶粉对喷射混凝土力学性能的影响

橡胶粉掺量对喷射混凝土的力学性能产生影响,如图 3-11～图 3-13 所示。

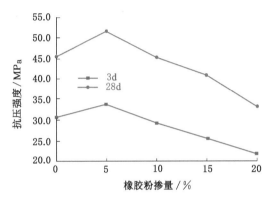

图 3-11 橡胶粉掺量对喷射混凝土抗压强度的影响

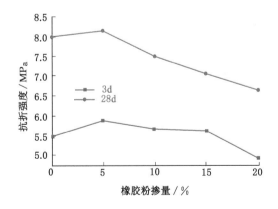

图 3-12 橡胶粉掺量对喷射混凝土抗折强度的影响

由图 3-11 可知,喷射混凝土 3 d 和 28 d 龄期的抗压强度在橡胶粉掺量不超过 5% 时,均有一定程度的提高;掺量超过 5% 后,喷射混凝土抗压强度均有所降低。喷射混凝土 28 d 龄期的抗压强度在橡胶粉掺量为 5% 时提高幅度最

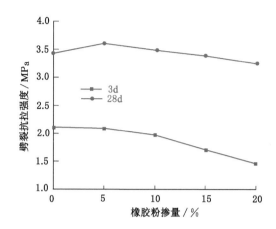

图 3-13　橡胶粉掺量对喷射混凝土劈裂抗拉强度的影响

大,增幅为 9.97%;橡胶粉掺量超过 5% 后,混凝土抗压强度随掺量的增加而降低。其主要原因如下:① 橡胶粉掺量较小时,由于橡胶粉颗粒粒径较小,填充在水泥、石子和砂的缝隙当中,改善了混凝土的孔结构,从而使得其抗压强度得到提高;② 当橡胶粉掺量较大时,由于橡胶颗粒是一种弹性体材料,将其掺入脆性材料中不仅不能承担压力,反而使橡胶颗粒软弱特征显现,橡胶混凝土实际承载面积减小,从而使喷射混凝土的抗压强度降低;③ 橡胶颗粒是一种有机物,而混凝土材料属于无机非金属材料,两者的界面黏结强度远低于混凝土材料之间的黏结强度,进一步导致喷射混凝土的抗压强度下降。

由图 3-12 可知,喷射混凝土 3 d 和 28 d 龄期的抗折强度曲线相类似,就 28 d 龄期的抗折强度曲线而言,抗折强度随橡胶粉掺量的增加而减小,当掺量为 5% 时,抗折强度提高最大,增幅为 7.69%。

由图 3-13 可知,喷射混凝土 28 d 龄期的劈裂抗拉强度,在橡胶粉掺量为 5% 时提高 4.93%,在橡胶粉掺量为 10%~15% 时无明显变化,在橡胶粉掺量为 20% 时降低 5.7%。

(2) 橡胶粉对喷射混凝土弯曲韧性的影响

① 橡胶粉的掺入对喷射混凝土断裂时变形量(弯曲韧性)的影响,如图 3-14 所示。

由图 3-14 可知,橡胶粉掺量不超过 10% 时,混凝土 3 d 和 28 d 龄期的断裂时变形量均有一定程度的提高;但是随着橡胶粉掺量的增加,混凝土断裂时变形量降低。当橡胶粉掺量为 10% 时,断裂时变形量增加幅度最大,可提高 14.48%;但当掺量为 20% 时,断裂时变形量降幅达 5.57%。这是因为橡胶粉作为一种大变形、高阻尼、高抗裂性、能量耗散能力强的有机高分子材料,将其

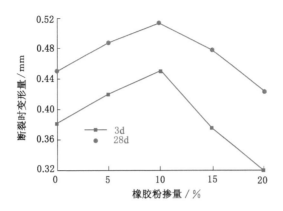

图 3-14　橡胶粉掺量对喷射混凝土断裂时变形量的影响

以一种功能集料掺入混凝土中,能够有效地吸收混凝土受力时产生的内应力,使混凝土破坏形式由脆性断裂向韧性断裂转变,从而使得混凝土的弯曲韧性得到了提高。

② 橡胶粉的掺入对喷射混凝土断裂形式的影响。

图 3-15 为橡胶粉掺量为 5％时与空白组的三点弯曲试验破坏试件的对比图片,图 3-16 为橡胶粉掺量为 5％时与空白组的劈裂抗拉试验破坏试件的对比图片。由这两个图可以看出,掺入橡胶粉的试件,在三点弯曲试验断裂时仅出现 1 条未贯通的裂缝,在劈裂抗拉试验断裂时几乎看不到裂缝,能较好地保持试件的完整性;而未掺入橡胶粉的试件,断裂时出现裂缝甚至断成两段。此现象说明橡胶粉的掺入,使得混凝土的韧性得到了较大的提高,破坏形式由原来的脆性断裂向韧性断裂转变。

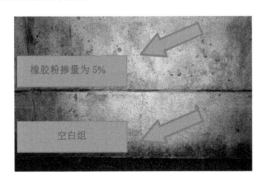

图 3-15　三点弯曲试验破坏试件(箭头指示微裂隙)

图 3-16　劈裂抗拉试验破坏试件(箭头指示裂隙)

3.4.4　试验结论

（1）当橡胶粉掺量不超过 5％时,喷射混凝土 3 d 和 28 d 龄期的抗压强度均有一定程度的提高;掺量超过 5％后,喷射混凝土抗压强度均有所降低。随着橡胶粉掺量的增加,喷射混凝土的抗折强度先增加后降低,其中当掺量为 5％时抗折强度最大。

（2）当橡胶粉掺量不超过 5％时,喷射混凝土 28 d 龄期的劈裂抗拉强度有所增加,掺量为 10％～15％时劈裂抗拉强度变化不大,掺量超过 15％时劈裂抗拉强度降低。当橡胶粉掺量不超过 10％时,喷射混凝土 3 d 和 28 d 龄期的断裂时变形量均有所增加;掺量超过 15％时,喷射混凝土断裂时变形量有小幅度下降。

（3）在喷射混凝土中橡胶粉掺量应在一定范围内,合理的橡胶粉掺量为等体积取代砂量的 5％～10％。在喷射混凝土中掺入合理的橡胶粉,可以使喷射混凝土断裂形式由脆性断裂转变为韧性断裂。

3.5　小结

本章阐明了深部工程软岩巷道中平施工法的概念、施工方法以及喷射橡胶混凝土力学性质及其合理配比问题等。主要内容包括:① 锚喷支护韧性混凝土喷层及其施工方法;② 底板卸压槽控制巷道底鼓及其施工方法;③ 钢丝绳网喷射橡胶混凝土的中平施工法;④ 在喷射混凝土中掺入合理的橡胶粉,可以提高喷射混凝土断裂时的变形量,使混凝土断裂形式由脆性断裂转变为韧性断裂,喷射混凝土成为韧性混凝土。

4 不同支护方式巷道围岩稳定性数值模拟研究

在复杂多变的地质条件下,大断面巷道或硐室围岩的稳定性取决于其支护方式。平煤八矿一水平丁四采区轨道下山上部绞车房硐室埋深较大,且受到构造应力和采动应力的影响,致使巷道围岩稳定性较差,围岩变形破坏较严重。为了选取合理的巷道支护方式,本章采用 UDEC(通用离散单元法)数值模拟软件,建立了在无支护、传统锚网喷支护、"多层锚网喷+卸压槽"联合支护、"多层锚网喷注+卸压槽"联合支护 4 种支护方式下的数值计算力学模型,研究不同支护方式下巷道围岩应力、围岩位移及围岩塑性区分布特征,对比分析支护效果,为深部巷道支护方式的选择提供理论依据。

4.1 数值模拟软件

在煤系地层一定的条件下,巷道围岩处于节理裂隙或煤岩层里和层面分割的离散状态,而且巷道开掘后,在较高的二次应力作用下,巷道围岩变形状态进一步劣化。因此,本次模拟选择采用 UDEC 数值模拟软件。

UDEC 通用数值模拟软件是一个处理不连续介质的二维离散元程序,常用于模拟非连续介质(如岩层中层理、节理、裂隙等)承受静载或动载作用下的响应。非连续介质是通过离散的块体集合体加以表示的,而不连续面处理为块体间的边界面,允许块体沿不连续面发生较大位移和转动。UDEC 数值模拟软件为完整块体和不连续面开发了几种材料特性模型,用来模拟不连续地质界面可能出现的典型特性。

UDEC 数值模拟软件基于拉格朗日算法,能够较好地模拟块体系统的变形和大位移。对于块体不连续公式和运动方程(包括惯性项)采用显式时间步数求解方法,便于块状岩体的渐进破坏分析和大变形运动研究。UDEC 数值计算模型中划分的结构单元还可以用于模拟全长锚杆和喷射混凝土的各种岩体加固系统等。

4.2　巷道支护方式

根据目前常用的深部巷道支护方式,设计了3种巷道支护方式:传统锚网喷支护、"多层锚网喷+卸压槽"联合支护、"多层锚网喷注+卸压槽"联合支护,与硐室无支护状态进行对比,因此建立了4种支护方式下巷道围岩稳定性分析数值计算力学模型。

支护方式Ⅰ:巷道无支护。

支护方式Ⅱ:传统锚网喷支护,如图4-1所示。

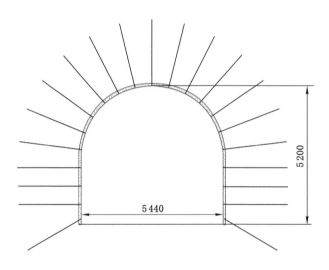

图4-1　支护方式Ⅱ:传统锚网喷支护

支护方式Ⅲ:"多层锚网喷+卸压槽"联合支护。巷道掘出后采用"四层混凝土喷层+三层锚杆+三层钢丝绳网+卸压槽"联合支护,如图4-2所示。

支护方式Ⅳ:"多层锚网喷注+卸压槽"联合支护,即在支护方式Ⅲ的基础上增加了围岩注浆加固工艺。巷道掘出后采用"四层混凝土喷层+三层锚杆+三层钢丝绳网+卸压槽+围岩注浆"联合支护,如图4-3所示。

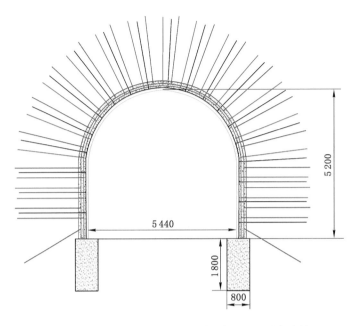

图 4-2 支护方式Ⅲ:"多层锚网喷+卸压槽"联合支护

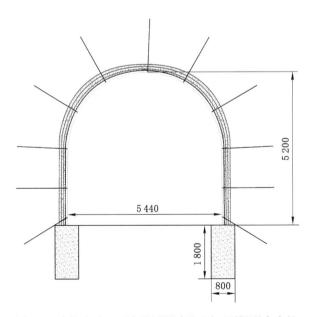

图 4-3 支护方式Ⅳ:"多层锚网喷注+卸压槽"联合支护

4.3　巷道围岩力学模型及数值模拟参数

4.3.1　围岩力学模型的建立

煤系地层是一种由许多节理、裂隙或者弱面切割组成的地质体,因此,选用非连续介质离散元建立模型,利用 UDEC 模拟软件进行数值计算。

根据平煤八矿绞车房硐室(大断面巷道)围岩综合柱状,建立数值计算力学模型,如图 4-4 所示。采用平面应变模型,模型长度×高度为 84 m×66 m。模型从下部到上部简化为 9 层煤岩层。模型上部边界条件简化为应力边界条件,上边界的铅垂应力为 13.75 MPa,侧压系数取 1.8,则模型两侧边界面水平应力为 24.75 MPa。模型下部边界为稳定的底板岩层,简化为固支边界条件,即在 x 和 y 方向位移量为 0。模型两侧简化为简支边界条件,即在 y 方向上可以运动,在 x 方向上的位移量为 0。

数值计算单元体本构关系选择 Morh-Coulomb(莫尔-库仑)强度准则,迭代到初始平衡后,进行硐室开掘。喷射混凝土后加锚杆进行支护,锚杆采用 cable 单元结构模拟,混凝土喷层采用 struct 单元结构模拟。注浆通过锚注加固体等效层实现。

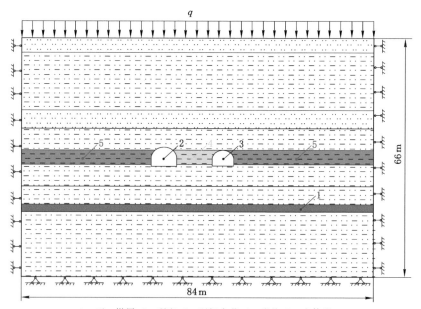

1—丁$_{5-6}$煤层;2—硐室;3—石门大巷;4—岩柱;5—实体岩。

图 4-4　数值计算力学模型

4.3.2   围岩体参数的选取

煤岩体为脆性材料,具有较高抗压强度、较低抗拉和抗剪强度,其应力-应变全程曲线表现出非线性特征。因此,在未达到强度极限之前,可将煤岩体介质视为弹性体。达到强度极限之后,可将煤岩体介质视为塑性体。建立相应的煤岩体本构关系,利用 Morh-Coulomb 弹塑性力学模型描述煤岩体变形的力学特征。

根据实验室试验结果,结合巷道围岩节理、裂隙发育状况,得到数值模拟所采用的硐室围岩物理力学参数和节理力学参数,见表 4-1 和表 4-2。

表 4-1   硐室围岩物理力学参数

煤岩层	层厚/m	体积模量/GPa	剪切模量/GPa	内摩擦角/(°)	黏聚力/MPa	抗拉强度/MPa	备注
中粒砂岩	4	4.34	2.83	30	4.56	3.53	
砂质泥岩	16	2.57	1.72	28	3.25	1.18	
中粒砂岩	5	4.34	2.83	30	4.56	3.53	
砂质泥岩	6	2.57	1.72	28	3.25	1.18	注浆前
		3.17	2.73	36	5.20	2.12	注浆后
泥岩	4	1.57	1.02	22	1.21	1.02	注浆前
		2.27	2.14	30	3.21	2.03	注浆后
砂质泥岩	6	2.57	1.72	28	3.25	1.18	注浆前
		3.17	2.73	36	5.20	2.12	注浆后
砂质泥岩	5	2.57	1.72	28	3.25	1.18	
丁$_{5-6}$煤层	2	0.84	0.46	20	0.27	0.81	
砂质泥岩	18	2.57	1.72	28	3.25	1.18	

表 4-2   硐室围岩节理力学参数

煤岩层	层厚/m	法向刚度/GPa	切向刚度/GPa	摩擦角/(°)	黏聚力/MPa	抗拉强度/MPa	备注
中粒砂岩	4	3.21	0.51	28	1.00	0.26	
砂质泥岩	16	1.54	0.43	20	0.50	0.21	
中粒砂岩	5	2.90	0.50	28	1.10	0.10	
砂质泥岩	6	2.15	0.30	26	0.90	0.20	注浆前
		20.00	3.00	30	8.00	1.00	注浆后
泥岩	4	1.30	0.14	22	0.50	0.00	注浆前
		10.30	1.20	30	4.00	2.30	注浆后

表 4-2(续)

煤岩层	层厚 /m	法向刚度 /GPa	切向刚度 /GPa	摩擦角 /(°)	黏聚力 /MPa	抗拉强度 /MPa	备注
砂质泥岩	6	2.15	0.30	26	0.90	0.20	注浆前
		18.50	2.50	31	7.50	1.98	注浆后
砂质泥岩	5	2.20	0.40	25	0.80	0.21	
丁$_{5-6}$煤层	2	0.50	0.31	18	0.10	0.13	
砂质泥岩	18	2.10	0.41	24	0.61	0.19	

4.4 数值模拟结果分析

绞车房硐室(大断面巷道)开掘后,模拟在无支护、传统锚网喷支护、"多层锚网喷＋卸压槽"联合支护、"多层锚网喷注＋卸压槽"联合支护 4 种支护方式下硐室围岩稳定性,分析硐室围岩应力场及位移场分布规律。

4.4.1 围岩应力分布特征分析

4.4.1.1 围岩垂直应力分布特征

数值模拟时,分别在硐室顶底板中部垂直方向和两帮中部水平方向布设观测线,每间隔 1 m 设置一个观测点,观测分析硐室围岩应力分布特征。图 4-5 为在无支护、传统锚网喷支护、"多层锚网喷＋卸压槽"联合支护、"多层锚网喷注＋卸压槽"联合支护 4 种支护方式下硐室围岩垂直应力云图,图 4-6 为硐室两帮垂直应力分布曲线。

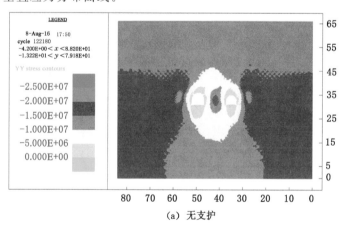

(a) 无支护

图 4-5 不同支护方式下硐室围岩垂直应力云图

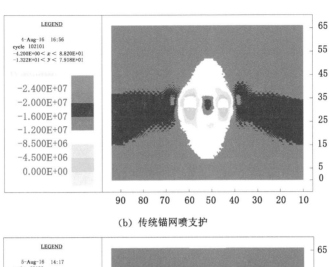

（b）传统锚网喷支护

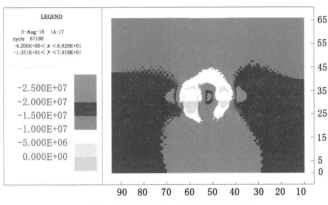

（c）"多层锚网喷+卸压槽"联合支护

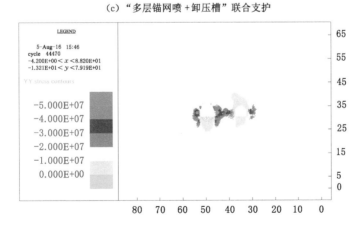

（d）"多层锚网喷注+卸压槽"联合支护

图 4-5（续）

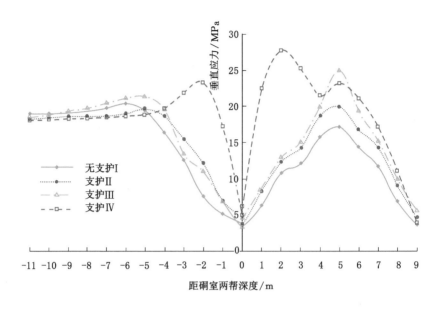

图 4-6 硐室两帮垂直应力分布曲线

由图 4-5、图 4-6 可知在不同支护方式下巷道围岩垂直应力分布特征。

(1) 实体岩帮垂直应力分布特征:在无支护、传统锚网喷支护、"多层锚网喷＋卸压槽"联合支护时,垂直应力降低区约为 4 m,在此范围内,垂直应力呈近似线性增长,而后达到应力峰值。在这 3 种支护方式下,巷道围岩垂直应力峰值位置分别为 6 m、5 m、5 m,应力峰值分别为 20.34 MPa、19.08 MPa、21.42 MPa,应力集中系数分别为 1.5、1.4、1.6。由此可以看出,与无支护相比,传统锚网喷支护、"多层锚网喷＋卸压槽"联合支护的支护效果并不明显,围岩垂直应力分布变化不大。采用"多层锚网喷注＋卸压槽"联合支护支护时,垂直应力降低区约为 1.5 m,应力峰值深度为 2 m,应力峰值为 23.33 MPa,应力集中系数达到 1.7。与前 3 种支护方式相比,"多层锚网喷注＋卸压槽"联合支护下的实体岩帮应力降低区范围明显缩小,应力峰值深度也明显减小,4 m 以远深度围岩即进入原岩应力状态。因此,在"多层锚网喷注＋卸压槽"联合支护条件下,浅部围岩承载能力大幅度提高,支护效果明显。

(2) 岩柱帮垂直应力分布特征:在无支护、传统锚网喷支护、"多层锚网喷＋卸压槽"联合支护时,垂直应力分布形态大致相同,呈现"两侧低、中间高"的形态,应力峰值深度均为 5 m,应力峰值分别为 17.23 MPa、18.11 MPa、25.08 MPa,应力集中系数分别为 1.30、1.35、1.9。由此可以看出,与无支护相比,传统锚网喷支护对岩柱帮的支护效果不明显,而"多层锚网喷＋卸压槽"联合支护使岩柱帮承载能力得到较大提高。采用"多层锚网喷注＋卸压槽"联合支护时,垂直应力分布形态出现显著变化,呈现"双峰值"形态,说明岩柱内部出现了弹性稳定区;与其他 3 种支护方式相比,应力峰值显著增长,达到 27.84 MPa,应力峰值深度则明显减小,由 5 m 减小至 2 m,应力集中系数达到 2.1;由此可以看出,岩柱帮承载能力显著提高,稳定性明显提高。

综上所述,采用"多层锚网喷注＋卸压槽"联合支护时,硐室垂直应力峰值显著增大,应力峰值深度明显减小,说明该支护方式能够显著提高硐室围岩承载能力,保证硐室两帮的稳定性。

4.4.1.2 围岩水平应力分布特征

图 4-7 为在无支护、传统锚网喷支护、"多层锚网喷＋卸压槽"联合支护、"多层锚网喷注＋卸压槽"联合支护 4 种支护方式下硐室围岩水平应力云图,图 4-8 为硐室底板和顶板水平应力分布曲线。

由图 4-7、图 4-8 可知在不同支护方式下硐室围岩水平应力分布特征。

(1)硐室底板水平应力分布特征:在无支护、传统锚网喷支护、"多层锚网喷＋卸压槽"联合支护和"多层锚网喷注＋卸压槽"联合支护时,底板水平应力呈现先增大后减小的趋势,应力峰值深度均出现在 8 m 位置;与无支护相比,传统锚网喷支护的底板水平应力呈现小幅降低,而后 2 种支护方式的底板水平应力降幅较大,4 种支护方式的应力峰值分别为 38.84 MPa、36.84 MPa、32.63 MPa、31.62 MPa,相应的应力集中系数分别为 1.6、1.5、1.3、1.26。由此可知,后 2 种支护方式对底板的卸压作用几乎相同,因此开挖卸压槽有利于改善底板应力环境,有助于硐室底鼓控制。

(2)硐室顶板水平应力分布特征:无支护与传统锚网喷支护的顶板水平应力分布几乎相同,说明传统锚网喷支护对顶板水平应力分布影响极小;而采用"多层锚网喷＋卸压槽"联合支护和"多层锚网喷注＋卸压槽"联合支护时,顶板高度 0～4 m 范围内水平应力显著提高,而且应力峰值向浅部转移。采用无支护、传统锚网喷支护、"多层锚网喷＋卸压槽"联合支护和"多层锚网喷注＋卸压槽"联合支护时,应力峰值深度分别为 4 m、4 m、3 m、2 m,应力峰值分别为 33.14 MPa、34.32 MPa、34.37 MPa、36.41 MPa,应力集中系数分别为 1.3、1.4、1.4、1.6。由此可以看出,采用"多层锚网喷注＋卸压槽"联合支护,可以显著提高顶板的承载能力,促使顶板保持较高的应力水平。

综上所述,通过开挖底板卸压槽,可以有效促使底板卸压,改善底板应力环境;而通过"多层锚网喷注＋卸压槽"联合支护,则可以有效加固顶板,进而提高顶板的承载能力和抗变形能力。因此,采用"多层锚网喷注＋卸压槽"联合支护能够有效控制硐室底板和顶板的变形破坏。

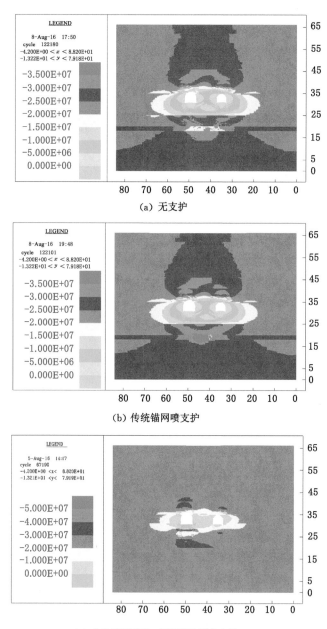

(a) 无支护

(b) 传统锚网喷支护

(c) "多层锚网喷＋卸压槽"联合支护

图4-7 不同支护方式下硐室围岩水平应力云图

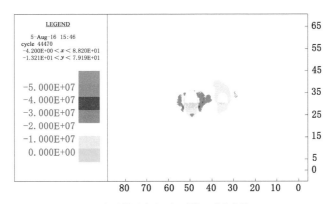

（d）"多层锚网喷注＋卸压槽"联合支护

图 4-7（续）

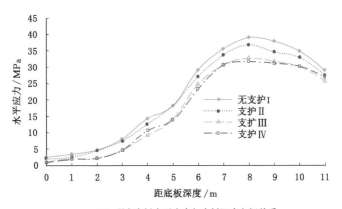

（a）硐室底板水平应力与底板深度之间关系

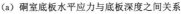

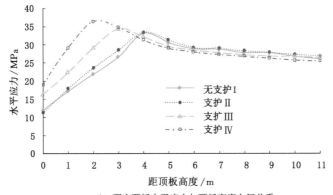

（b）硐室顶板水平应力与顶板高度之间关系

图 4-8　硐室底板和顶板水平应力分布曲线

4.4.2 围岩位移场

4.4.2.1 围岩垂直位移分布特征

图 4-9 为在无支护、传统锚网喷支护、"多层锚网喷＋卸压槽"联合支护和"多层锚网喷注＋卸压槽"联合支护 4 种支护方式下硐室围岩垂直位移云图,图 4-10 为硐室底板和顶板垂直位移分布曲线。

由图 4-9 和图 4-10 可以看出:4 种支护方式下硐室顶板下沉量、底板底鼓量均变化明显;与前 3 种支护方式相比,采用"多层锚网喷注＋卸压槽"联合支护后,硐室顶、底板相同位置围岩位移量均减小。无支护时,硐室顶板下沉量为 113.70 mm,底板底鼓量为 423.80 mm;传统锚网喷支护时,硐室顶板下沉量为 90.26 mm,底板底鼓量为 415.70 mm;"多层锚网喷＋卸压槽"联合支护时,硐室顶板下沉量为 76.33 mm,底板底鼓量为 105.1 mm;而"多层锚网喷注＋卸压槽"联合支护时,硐室顶板下沉量为 22.29 mm,底板底鼓量为 64.86 mm。由此可见,采用"多层锚网喷注＋卸压槽"联合支护后,与前 3 种支护方式相比,硐室顶板下沉量分别减少 80.40%、75.30%、70.80%,底板底鼓量分别减少 84.70%、84.40%、38.29%。

综上所述,通过采用锚杆和锚注加固技术,能够显著改善硐室浅部围岩体的物理力学性能,从而增强围岩体的稳定性;而通过硐室底板卸压槽释放底板围岩应力,能够促使硐室底板底鼓得到有效控制。

4.4.2.2 围岩水平位移分布特征

图 4-11 为在无支护、传统锚网喷支护、"多层锚网喷＋卸压槽"联合支护和"多层锚网喷注＋卸压槽"联合支护 4 种支护方式下硐室围岩水平位移云图,图 4-12 为硐室两帮水平位移分布曲线。

由图 4-11 和图 4-12 可以看出:4 种支护方式下硐室两帮移近量变化明显;与前 3 种支护方式相比,采用"多层锚网喷注＋卸压槽"联合支护后,硐室两帮移近量减小。在无支护、传统锚网喷支护、"多层锚网喷＋卸压槽"联合支护和"多层锚网喷注＋卸压槽"联合支护时,实体岩帮移近量分别为 200.70 mm、171.70 mm、123.20 mm、49.42 mm,岩柱帮移近量分别为 213.00 mm、180.80 mm、144.20 mm、31.14 mm;与前 3 种支护方式相比,采用"多层锚网喷注＋卸压槽"联合支护时,实体岩帮移近量分别减少 75.38%、71.22%、59.89%,岩柱帮移近量分别减少 85.38%、82.78%、78.40%。由此可以看出,采用"多层锚网喷注＋卸压槽"联合支护,能够有效控制实体岩帮和岩柱帮的移近量,确保硐室两帮的稳定性。

4.4.3 围岩塑性区

在无支护、传统锚网喷支护、"多层锚网喷＋卸压槽"联合支护和"多层

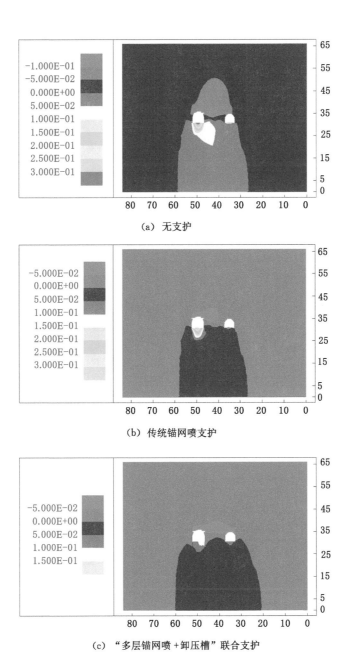

（a）无支护

（b）传统锚网喷支护

（c）"多层锚网喷＋卸压槽"联合支护

图 4-9 不同支护方式硐室围岩垂直位移云图

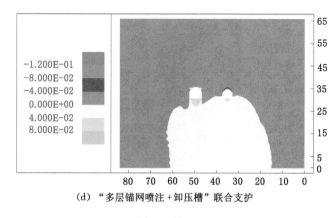

(d) "多层锚网喷注 + 卸压槽"联合支护

图 4-9(续)

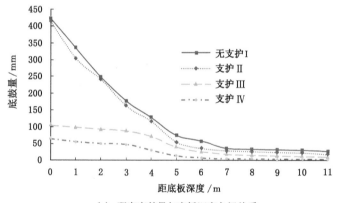

(a) 硐室底鼓量与底板深度之间关系

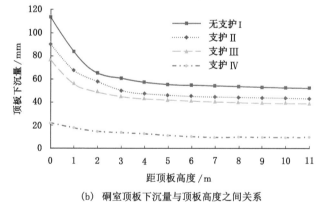

(b) 硐室顶板下沉量与顶板高度之间关系

图 4-10　硐室底板和顶板垂直位移分布曲线

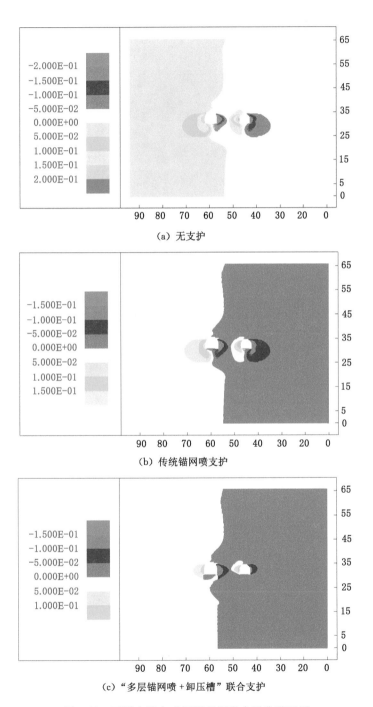

（a）无支护

（b）传统锚网喷支护

（c）"多层锚网喷＋卸压槽"联合支护

图 4-11　不同支护方式下硐室围岩水平位移云图

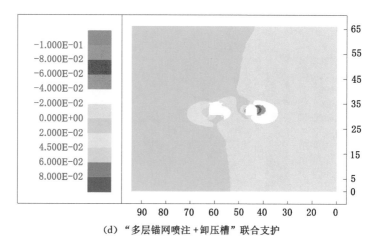

（d）"多层锚网喷注＋卸压槽"联合支护

图 4-11（续）

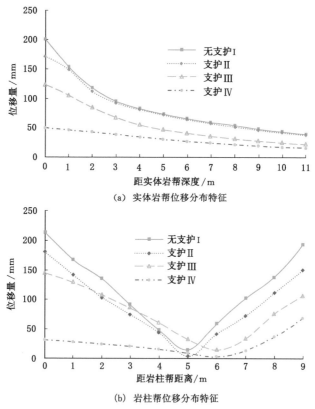

（a）实体岩帮位移分布特征

（b）岩柱帮位移分布特征

图 4-12　硐室两帮水平位移分布曲线

锚网喷注＋卸压槽"联合支护 4 种支护方式下,硐室围岩塑性区分布特征如图 4-13 所示。由图可以看出,在无支护、传统锚网喷支护、"多层锚网喷＋卸压槽"联合支护时,硐室围岩塑性区明显较大,顶板、两帮及底板均出现严重破坏;岩柱帮受硐室和石门大巷的双重影响,整个 9 m 岩柱均发生塑性破坏。而采用"多层锚网喷注＋卸压槽"联合支护后,硐室围岩塑性区大幅度减小,说明该支护方式有效提高了围岩强度和围岩整体的承载能力,将破碎围岩锚固和胶结成了一个整体,有效控制了围岩变形破坏的扩展;而底板卸压槽改善了底板应力环境,再加上"多层锚网喷注＋卸压槽"联合支护的强帮固顶作用,有效控制了底板变形。总之,通过多层锚网喷、卸压槽和围岩注浆耦合控制作用,有效提高了围岩的整体承载能力,改善了围岩应力环境,保证了硐室围岩长期稳定性。

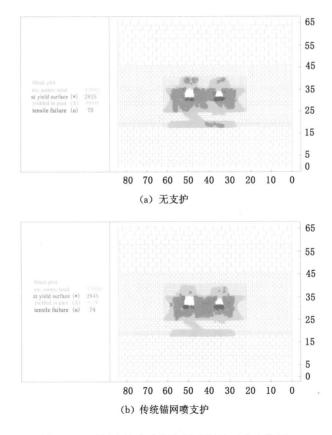

(a) 无支护

(b) 传统锚网喷支护

图 4-13　不同支护方式硐室围岩塑性区分布特征

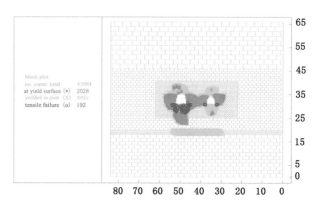

(c)"多层锚网喷+卸压槽"联合支护

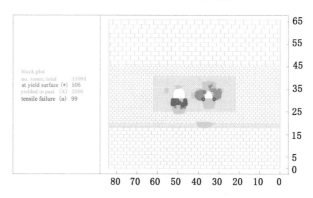

(d)"多层锚网喷注+卸压槽"联合支护

图 4-13(续)

4.5　小结

　　本章以平煤八矿一水平丁四采区轨道下山上部绞车房硐室围岩地质条件为工程背景,采用 UDEC 数值模拟软件模拟了在无支护、传统锚网喷支护、"多层锚网喷+卸压槽"联合支护和"多层锚网喷注+卸压槽"联合支护 4 种支护方式下,硐室围岩应力场、位移场以及塑性区的分布特征,对比分析研究得到了硐室的最优支护方式。

　　(1)硐室两帮垂直应力分布特征:与前 3 种支护方式相比,采用"多层锚网喷注+卸压槽"联合支护时,硐室实体岩帮和岩柱帮应力降低范围明显缩小,应力峰值深度由 5~6 m 减小至 2 m,表明浅部围岩承载能力大幅度提高,围岩稳定性明显改善,实体岩帮垂直应力在 4 m 深度以远即进入原岩应力状态;而岩柱帮垂直应力出现"双峰值"形态,说明岩柱内部出现了弹性稳定区。因此,采用"多层锚网喷注+卸压槽"联合支护能够显著提高硐室两帮的承载能力,减小两帮破坏范围。

(2) 硐室顶板水平应力分布特征:采用无支护、传统锚网喷支护、"多层锚网喷+卸压槽"联合支护和"多层锚网喷注+卸压槽"联合支护时,顶板水平应力峰值深度分别为 4 m、4 m、3 m、2 m,应力峰值分别为 33.14 MPa、34.32 MPa、34.37 MPa、36.41 MPa,应力集中系数分别为 1.3、1.4、1.4、1.6。采用"多层锚网喷注+卸压槽"联合支护时,顶板应力峰值出现较大增长,应力峰值深度相应减小,表明采用"多层锚网喷注+卸压槽"联合支护可以显著提高硐室顶板的承载能力,从而促使顶板保持较高的应力水平。

(3) 硐室底板水平应力分布特征:与无支护相比,传统锚网喷支护的硐室底板水平应力呈现小幅度降低,而"多层锚网喷+卸压槽"联合支护和"多层锚网喷注+卸压槽"联合支护的硐室底板水平应力降幅较大。4 种支护方式的应力峰值分别为 38.84 MPa、36.84 MPa、32.63 MPa、31.62 MPa,相应的应力集中系数分别为 1.6、1.5、1.3、1.26。由此可以看出,"多层锚网喷+卸压槽"联合支护和"多层锚网喷注+卸压槽"联合支护对底板的卸压作用几乎相同,开挖卸压槽有利于改善底板应力环境,有助于硐室底鼓控制。

(4) 开挖底板卸压槽可以有效促使底板卸压,改善底板应力环境;而"多层锚网喷注+卸压槽"联合支护可以有效加固顶板,进而提高顶板的承载能力和抗变形能力。因此,采用"多层锚网喷注+卸压槽"联合支护后,能够有效控制硐室顶板和底板的变形破坏。

(5) 采用无支护、传统锚网喷支护、"多层锚网喷+卸压槽"联合支护和"多层锚网喷注+卸压槽"联合支护时,硐室顶板下沉量分别为 113.70 mm、90.26 mm、76.33 mm、22.29 mm,硐室底板底鼓量分别为 423.80 mm、415.70 mm、105.1 mm、64.86 mm。与前 3 种支护方式相比,采用"多层锚网喷注+卸压槽"联合支护后,硐室顶板下沉量分别减少 80.40%、75.30%、70.80%,底板底鼓量分别减少 84.70%、84.40%、38.29%。因此,"多层锚网喷注+卸压槽"联合支护能够有效控制顶底板移近量,保证硐室顶底板的稳定性。

(6) 采用无支护、传统锚网喷支护、"多层锚网喷+卸压槽"联合支护和"多层锚网喷注+卸压槽"联合支护时,实体岩帮移近量分别为 200.70 mm、171.70 mm、123.20 mm、49.42 mm,岩柱帮移近量分别为 213.00 mm、180.80 mm、144.20 mm、31.14 mm。与前 3 种支护方式相比,采用"多层锚网喷注＋卸压槽"联合支护时,实体岩帮移近量分别减少75.38％、71.22％、59.89％,岩柱帮移近量依次减少 85.38％、82.78％、78.40％。由此可知,采用"多层锚网喷注＋卸压槽"联合支护,能够有效控制实体岩帮和岩柱帮的移近量,保证巷道两帮的稳定性。

（7）采用"多层锚网喷注＋卸压槽"联合支护后,硐室围岩塑性区大幅度减小,说明锚网喷支护以后的注浆加固可以有效地提高围岩强度和围岩整体承载能力,将破碎围岩锚固和胶结成一个整体,有效控制围岩变形破坏;通过底板卸压槽的卸压作用,改善了硐室底板应力环境,并通过多层锚网喷和注浆加固的强帮固顶作用,有效控制了底板底鼓。

综上所述,数值计算结果表明,通过多层锚网喷、卸压槽和注浆加固的联合支护,有效地改善了平煤八矿绞车房硐室围岩应力环境,提高了硐室围岩的整体承载能力,从而保证硐室围岩的长期稳定性。

5 深部巷道底板卸压和注浆 加固数值模拟研究

深部巷道围岩稳定性与围岩应力环境和围岩力学参数密切相关。为保证深部巷道底板的稳定性,必须采取两方面措施:一是加固巷道底板,以提高底板围岩强度,即底板加固法;二是控制底板应力状态,避免底板出现过高的应力集中,即底板卸压法。研究表明,通过合理选择巷道底板卸压和注浆加固技术的有关参数,可有效提高巷道底板的稳定性。针对平煤一矿三水平下延戊一采区回风上山的工程地质条件,采用中平施工法施工,巷道采用锚网喷注联合支护时,利用数值模拟研究底板卸压和注浆加固机理以及卸压槽和注浆参数对巷道围岩变形和应力的影响特征。

5.1 回风上山工程地质条件

平煤一矿三水平下延戊一采区回风上山巷道服务年限达 30 多年,选择回风上山深部地段进行锚杆钢丝绳网喷注联合支护试验,采用中平施工法施工。试验段回风上山为半圆拱形倾斜岩石巷道,巷道倾角 10°～14°,巷道埋深 783.3～970.7 m,平均埋深 877.0 m。回风上山巷道位于戊$_8$煤层顶板约 20 m 的砂质泥岩岩层,巷道顶底板岩层均为泥岩和砂质泥岩,岩石普氏系数为 2～4,岩石强度较低,因此回风上山属于深部高应力原岩巷道。

5.2 底板控制技术方案的提出

平煤一矿三水平下延戊一采区回风上山围岩遇水膨胀变形、易风化,巷道埋深大,地应力大,四周围岩来压显现明显、来压速度快,围岩自稳时间短、持续变形时间长,出现底板底鼓严重等非线性力学大变形现象。由于原支护设计方案——U 型钢可缩性金属支架支护,仅重视巷道顶板和两帮的支护而忽视底板支护,无支护底板长期处于挤压流动状态,导致底板破坏深度较大,底鼓速度高;巷道掘出 1 年后,底鼓量超过 1.5 m,因此认为原支护方案已经难以控制巷道底板底鼓问题。

　　回风上山支护采用中平施工法的主动、耦合先进支护理念,以主动支护和柔性支护为基础,以改善巷道围岩力学状态为切入点,实现以三层钢丝绳网为骨架的多层喷射混凝土形成的韧性混凝土喷层,作为止浆层和支护体;同时在巷道底板高应力区开挖卸压槽,降低巷道浅部围岩应力,改善巷道支护环境;不断调整注浆压力,使高压浆液在岩体裂隙中均匀分布,达到卸压、封闭和强化围岩作用,进而实现巷道的长期稳定。

　　根据回风上山围岩变形破坏规律,支护采用"喷射混凝土+打锚杆+挂钢丝绳网+围岩注浆+底板卸压槽卸压"联合支护,即"四层喷层+三层锚杆+三层钢丝绳网+围岩注浆+底板卸压槽卸压"联合支护,如图5-1所示。

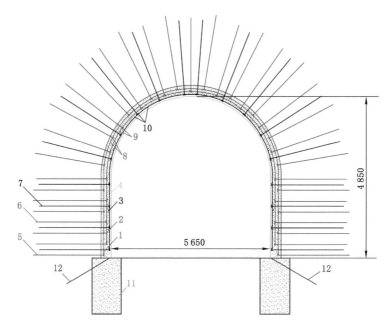

1—初喷;2—第二层喷混凝土;3—第三层喷混凝土;4—第四层喷混凝土;
5—第一层锚杆;6—第二层锚杆;7—第三层锚杆;8—第一层钢丝绳网;
9—第二层钢丝绳网;10—第三层钢丝绳网;11—卸压槽;12—注浆锚杆。

图5-1　钢丝绳网锚注支护巷道断面图

　　采用中平施工法施工的巷道,钢丝绳网锚注支护主要参数如下:四层喷射混凝土强度均不低于C45,各喷层设计厚度分别为 80 mm、100 mm、100 mm 和 70 mm;三层锚杆均采用规格为 $\phi22$ mm×2 400 mm 左旋无纵肋高强度金属锚杆,锚杆间排距 700 mm×700 mm;三层钢丝绳网的每一层均沿巷道环向和轴向呈十字交叉布置,组成钢丝绳经纬网,每根钢丝绳由两股直径为 15～20 mm 矿用报废钢丝绳处理后加工而成,长度为 15.0～18.0 m,钢丝绳网主绳网格 700 mm×700 mm;注浆锚杆规格为 ϕ20 mm×1 800 mm 自固式注浆锚杆,注浆锚杆间排距 1 500 mm×1 500 mm;注浆材料选用 52.5 强度等级的水泥浆,水灰比 (0.8～1.0)∶1.0;采用电液控注浆机进行注浆加固,注浆压力为 2.5～4.0 MPa。

在巷道锚杆钢丝绳网喷注支护参数确定的基础上,合理选择底板卸压参数尤为重要,直接关系到巷道底板应力环境的变化,为此采用数值模拟方法研究卸压槽宽度、深度和卸压时间以及注浆加固等有关支护参数。

5.3 底板卸压机理数值模拟研究

5.3.1 基本假设

数值模拟计算时进行以下基本假设:① 巷道开挖一次性完成;② 支护是在巷道开挖后瞬时开始和完成的;③ 巷道围岩和混凝土喷层满足 Morh-Coulomb 准则的弹塑性本构模型;④ 巷道围岩注浆后围岩中浆液均匀分布。

5.3.2 数值模拟计算力学模型

根据巷道围岩岩层结构及其力学参数,建立了单位宽度巷道平面应变数值模拟计算模型,如图 5-2 所示。为了准确反映巷道围岩变形破坏情况,对巷道围岩体进行网格加密。模型的长×高为 100.0 m×66.1 m,共分为 8 个岩层。巷道围岩物理力学参数和节理力学参数如表 5-1、表 5-2 所示。

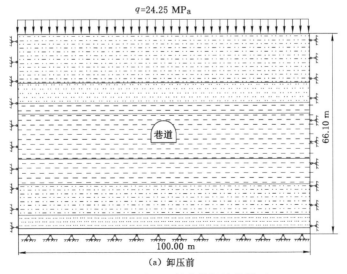

(a) 卸压前

图 5-2 回风上山数值模拟计算模型

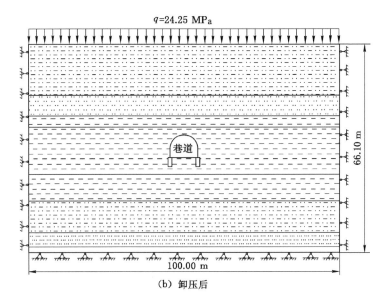

（b）卸压后

图 5-2（续）

表 5-1　巷道围岩物理力学参数

岩层	层厚 /m	容重 /(kg/m³)	体积模量 /GPa	剪切模量 /GPa	黏聚力 /MPa	内摩擦角 /(°)	抗拉强度 /MPa
砂质泥岩	16.0	2 400	9.88	5.19	1.74	27.3	2.55
中砂岩	6.6	2 600	14.78	8.84	2.31	32.5	3.93
泥岩	3.5	2 350	6.16	3.64	1.55	24.0	2.21
泥岩	15.0	2 350	6.26	3.69	1.56	24.3	2.24
泥岩	8.5	2 350	6.32	3.71	1.58	24.5	2.25
砂质泥岩	10.0	2 400	9.82	5.15	1.72	27.0	2.51
细砂岩	4.5	2 500	11.42	6.57	1.96	31.4	3.18
泥岩	2.0	2 350	6.25	3.67	1.55	24.1	2.23

表 5-2　巷道围岩节理力学参数

岩层	体积模量 /GPa	剪切模量 /GPa	黏聚力 /MPa	内摩擦角 /(°)	抗拉强度 /MPa	备注
砂质泥岩	4.64	0.82	1.04	24	0.02	
中砂岩	10.25	2.27	1.47	30	0.10	

表 5-2(续)

岩层	体积模量 /GPa	剪切模量 /GPa	黏聚力 /MPa	内摩擦角 /(°)	抗拉强度 /MPa	备注
泥岩	1.39	0.30	0.81	20	0.01	
泥岩	1.42	0.33	0.80	20	0.01	注浆前
	10.00	2.08	5.0	25	0.12	注浆后
泥岩	1.60	0.36	0.83	20	0.01	
砂质泥岩	4.56	0.81	1.00	24	0.02	
细砂岩	8.44	1.34	1.21	27	0.05	
泥岩	1.48	0.34	0.81	20	0.01	

根据试验巷道地质条件,确定数值模拟计算模型边界条件。巷道埋深取 1 000 m,模型上部边界为应力边界条件,上部边界施加上覆未模拟岩层的自重,简化为均布载荷 $q=24.25$ MPa;模型下部边界面为固支边,受固定铰支座作用,边界面在 x 和 y 方向上位移量均为零,即 $U=0$,$V=0$;模型左右两侧边界面为简支边,边界面在 x 方向上位移量为零,即 $U=0$。

5.3.3 卸压对巷道围岩应力场和塑性区影响研究

为了分析开挖卸压槽对巷道底板稳定性的影响,数值模拟底板卸压前后巷道围岩应力场和塑性区。在卸压槽开挖前,巷道顶板和两帮已施工完成四层喷射混凝土、三层锚杆和三层钢丝绳网,在此基础上进行底板围岩卸压的数值模拟,其中巷道底板卸压槽宽度 800 mm、深度 1 000 mm。

(1)卸压前后巷道围岩应力场分布特征分析

卸压前后巷道围岩应力场分布云图如图 5-3 所示。由图可以看出,卸压后巷道底板浅部围岩应力有效地降低,围岩垂直应力、水平应力集中现象减弱;浅部围岩的低应力区范围增加,高应力区范围减小,且向围岩深部转移。其主要原因是:开挖卸压槽为巷道底板围岩膨胀变形提供了空间,在高应力作用下底板围岩裂隙向深部扩展,导致卸压后巷道底板塑性区范围扩大,该范围内围岩承受的应力减小,高应力区向底板深部转移,实现了底板卸压。

(2)卸压前后巷道底板应力与其深度关系分析

数值模拟过程中,在巷道底板中线位置设置长度为 15.0 m 的观测线,每间隔 0.5 m 设置一个观测点,用来观测巷道底板应力变化规律,如图 5-4 所示。由图可知,卸压后巷道底板垂直应力减小,在距底板深度 0～1 m 范围内,底板垂直应力接近于 0 MPa;在距底板深度 1～4 m 范围内,卸压前后

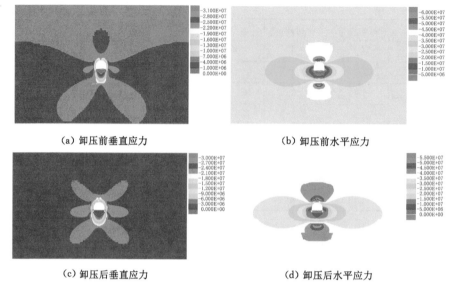

(a) 卸压前垂直应力　　　　　　　　　　(b) 卸压前水平应力

(c) 卸压后垂直应力　　　　　　　　　　(d) 卸压后水平应力

图 5-3　卸压前后巷道围岩应力分布云图

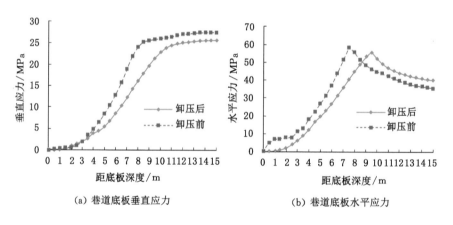

(a) 巷道底板垂直应力　　　　　　　　　　(b) 巷道底板水平应力

图 5-4　巷道底板应力与底板深度之间关系

底板垂直应力相差不大；在距底板深度 4 m 以深，底板垂直应力降低 1～10 MPa 不等，其中在距底板深度 8 m 处降低 8 MPa 左右，降低幅度达到 30％以上，说明开挖底板卸压槽使巷道底板垂直应力降低效果明显。对于底板水平应力而言，卸压槽开挖后，在距底板深度 0～8.5 m 范围内，底板水平应力降低 4～10 MPa，降低幅度为 20％～50％，水平应力降低效果较明显；而当距底板深度超过 8.5 m 以后，底板水平应力反而较未卸压时增大，说明开挖卸压槽后导致底板水平应力向深部转移,应力峰值深度由距底板 7.5 m 转移至 10.0 m 位置。由此可以看出,开挖卸压槽对底板浅部围岩卸压效果明显,浅部围岩应力降低有利于底板维护。

（3）卸压前后巷道围岩塑性区和围岩位移矢量特征分析

根据数值模拟计算结果得出卸压前后巷道围岩塑性区和围岩位移矢量云图,如图 5-5 所示。

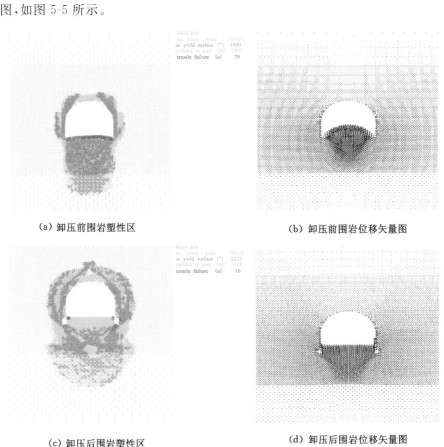

（a）卸压前围岩塑性区   （b）卸压前围岩位移矢量图

（c）卸压后围岩塑性区   （d）卸压后围岩位移矢量图

图 5-5 卸压前后巷道围岩塑性区和围岩位移矢量云图

① 卸压前后巷道围岩塑性区变化分析

由图 5-5(a)和(c)可知,卸压前巷道顶板和两帮围岩塑性区范围较小,而巷道底板围岩塑性区范围较大。未开挖卸压槽时,底板岩体拉伸破坏或剪切破坏严重,底板处于高应力和低承载能力状态;开挖卸压槽以后,巷道顶底板和两帮围岩的塑性区均增大,见表 5-3。

表 5-3　卸压前后巷道围岩塑性区范围

卸压状况	塑性区范围/m		
	顶板	两帮	底板
卸压前	1.05	1.36	7.68
卸压后	2.81	2.34	9.80

② 卸压前后巷道围岩位移矢量分析

由图 5-5(b)和(d)可知,开挖卸压槽造成巷道底板围岩位移矢量减小显著,有利于巷道底板围岩的稳定。

上述分析表明,巷道底板开挖卸压槽后,底板浅部围岩应力减小,塑性区范围增大,高应力区向围岩深部转移,从而改善了巷道浅部围岩应力状态,有效减小了底板变形,所以开挖卸压槽对于底板卸压效果明显,有利于巷道底板长期稳定。

5.4　底板卸压槽合理尺寸确定

采用中平施工法施工,在巷道围岩和支护相同的条件下,通过数值模拟研究确定巷道底板卸压槽的主要参数:卸压槽宽度 d 和深度 h。根据现场试验,卸压槽宽度选择 800 mm、1 200 mm、1 600 mm 3 个水平;卸压槽深度选择 1 000 mm、1 500 mm、2 000 mm 3 个水平。通过卸压槽宽度和深度建立两个因素三个水平的正交试验表,确定出 9 种底板卸压槽卸压方案,如表 5-4 所示。

表 5-4　底板卸压槽卸压方案的正交试验表

卸压槽宽度 d /mm	卸压槽深度 h/mm			备注
	1 000	1 500	2 000	
800	卸压方案 1	卸压方案 2	卸压方案 3	第一组
1 200	卸压方案 4	卸压方案 5	卸压方案 6	第二组
1 600	卸压方案 7	卸压方案 8	卸压方案 9	第三组

根据 3 组卸压方案的数值模拟计算结果,分析卸压槽宽度和深度两个因素在巷道围岩位移量和塑性区变化中所占的权重,正交试验结果如表 5-5 所示。同时利用影响巷道围岩卸压效果的卸压槽宽度和深度两个参数,求出巷道两帮移近量、顶底板移近量以及塑性区范围均值,巷道围岩移近量和塑性区范围与卸压槽尺寸之间的关系如图 5-6 所示。同时进行单因素多项式回归分析。

表 5-5 底板卸压槽卸压支护方案正交试验结果

卸压方案	卸压槽尺寸/mm		围岩移近量/mm		塑性区范围/m		
	宽度 d	深度 h	两帮	顶底板	顶板	两帮	底板
1	800	1 000	71.5	99.6	2.81	2.34	9.60
2	800	1 500	70.2	100.0	2.05	2.34	10.10
3	800	2 000	68.3	102.0	2.05	2.59	10.60
4	1 200	1 000	65.2	99.4	2.30	2.33	10.59
5	1 200	1 500	68.4	105.3	2.80	2.83	11.35
6	1 200	2 000	70.01	10.4	2.80	3.08	11.97
7	1 600	1 000	82.61	39.3	4.06	2.83	13.63
8	1 600	1 500	86.31	46.2	4.56	3.33	14.31
9	1 600	2 000	90.40	152.30	4.81	3.68	14.84

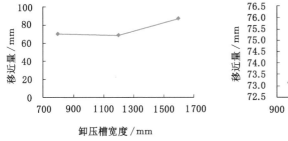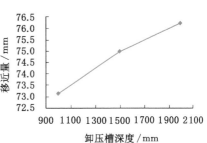

（a）巷道两帮移近量与卸压槽宽度和深度之间关系

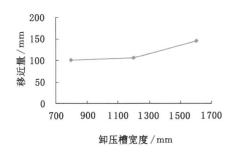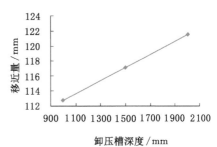

（b）巷道顶底板移近量与卸压槽宽度和深度之间关系

图 5-6 巷道围岩移近量和塑性区范围与卸压槽尺寸之间关系

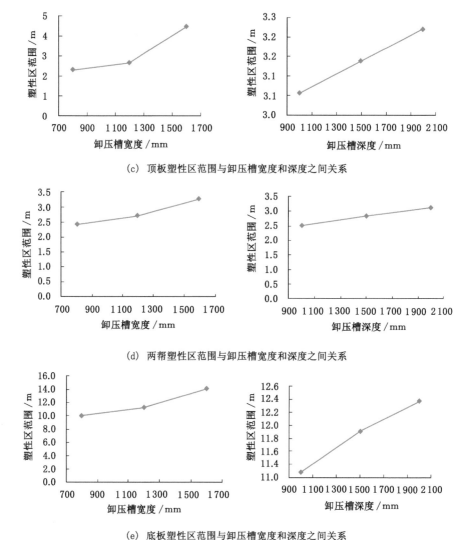

(c) 顶板塑性区范围与卸压槽宽度和深度之间关系

(d) 两帮塑性区范围与卸压槽宽度和深度之间关系

(e) 底板塑性区范围与卸压槽宽度和深度之间关系

图 5-6(续)

    根据表 5-5 和图 5-6,采用单因素多项式回归分析,可以得出巷道两帮移近量、底鼓量、围岩塑性区范围与卸压槽尺寸之间关系。

    巷道两帮移近量 y_1 与卸压槽宽度 d、卸压槽深度 h 之间满足:

$$y_1 = 6e^{-5}d^2 - 0.134\ 7d + 136.37 \tag{5-1}$$

$$y_1 = -e^{-6}h^2 + 0.006\ 7h + 67.567 \tag{5-2}$$

巷道顶底板移近量 y_2 与卸压槽尺寸之间满足：

$$y_2 = 0.000\ 1d^2 - 0.216\ 3d + 200.73 \tag{5-3}$$

$$y_2 = 9e^{-19}h^2 + 0.008\ 8h + 103.97 \tag{5-4}$$

巷道顶板塑性区范围 y_3 与卸压槽尺寸之间满足：

$$y_3 = 0.004\ 7d^2 - 8.633\ 3d + 6\ 183.3 \tag{5-5}$$

$$y_3 = 7e^{-6}h^2 + 0.143\ 3h + 2\ 906.7 \tag{5-6}$$

巷道两帮塑性区范围 y_4 与卸压槽尺寸之间满足：

$$y_4 = 0.000\ 7d^2 - 0.504\ 2d + 2\ 406.7 \tag{5-7}$$

$$y_4 = -e^{-4}h^2 + 0.916\ 7h + 1\ 683.3 \tag{5-8}$$

巷道底板塑性区范围 y_5 与卸压槽尺寸之间满足：

$$y_5 = 0.005\ 5d^2 - 8.033\ 3d + 13\ 020 \tag{5-9}$$

$$y_5 = -0.000\ 4h^2 + 2.276\ 7h + 9\ 390 \tag{5-10}$$

由以上 10 个公式中参数的高阶项系数可以看出，在横坐标大于 1 的情况下，卸压槽宽度 d 的高阶项系数均大于卸压槽深度 h 的高阶项系数，因此卸压槽宽度对巷道围岩位移量和塑性区范围的影响程度大于卸压槽深度。

运用方差分析法对表 5-4 中的数据进行处理，在表 5-6 中列出置信水平分别为 0.01 和 0.05 的临界值和各影响因素的 F 值。在回归方程的显著性检验中，卸压槽宽度的 F 值较大，说明相对于卸压深度而言，卸压槽宽度对巷道围岩位移量和塑性区范围的影响较显著。

表 5-6　卸压槽尺寸的 F 值和临界值

方差来源	d	h
F 值	77.1	32.4
临界值	$F_{0.01} = 35.7$	$F_{0.05} = 8.6$

5.4.1　卸压槽深度对底板稳定性的影响

在上述正交试验结果中，仅从卸压槽宽度和深度角度出发，对巷道围岩位移量和塑性区范围两方面进行显著性检验分析，而没有考虑开挖卸压槽对巷道底板应力的卸压效果。为了进一步确定合理的卸压槽尺寸，从显著性影响较小的因素"卸压槽深度"开始，将 9 种卸压方案分为 3 组，每组固定卸压槽宽度，分别对卸压槽深度不同的 3 种卸压方案进行巷道围岩应力和塑性区分析，进而优化出合理的卸压槽深度。待确定出卸压槽合理深度以后，固定卸压槽深度、改变卸压槽宽度进行数值模拟计算，从而确定出卸压槽的合理宽度。

（1）第一组卸压方案对比分析

第一组卸压方案即卸压槽宽度为 800 mm 时卸压方案,包含卸压方案 1、2 和 3。第一组卸压方案卸压槽参数如表 5-7 所示。

表 5-7　第一组卸压方案卸压槽参数

卸压方案	宽度 d/mm	深度 h/mm
1	800	1 000
2	800	1 500
3	800	2 000

根据数值模拟计算结果,得出第一组卸压方案时巷道围岩应力分布云图,如图 5-7 所示。

(a) 卸压方案 1 巷道围岩垂直应力云图

(b) 卸压方案 1 巷道围岩水平应力云图

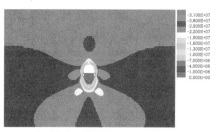
(c) 卸压方案 2 巷道围岩垂直应力云图

(d) 卸压方案 2 巷道围岩水平应力云图

(e) 卸压方案 3 巷道围岩垂直应力云图

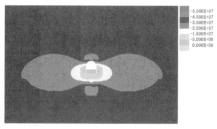
(f) 卸压方案 3 巷道围岩水平应力云图

图 5-7　第一组卸压方案时巷道围岩应力分布云图

由图 5-7(a)、(c)和(e)可知,第一组卸压方案中,巷道底板围岩垂直应力与卸压槽深度之间关系:随着卸压槽深度的增加,巷道底板浅部围岩垂直应力降低区明显增大,高应力区减小,且底板围岩应力集中现象减弱。由此可见,增加卸压槽深度有利于巷道底板卸压。由图 5-7(b)、(d)和(f)可知,第一组卸压方案中,巷道底板围岩水平应力与卸压槽深度之间关系:随着卸压槽深度的增加,巷道底板水平应力的高应力区向围岩深部转移,因此有利于改善巷道底板浅部围岩应力状态,充分利用深部围岩的承载能力。

数值模拟时在巷道底板中线位置布置深度为 15.0 m 的观测线,每隔 0.5 m 设置一个观测点,共设 31 个观测点。第一组卸压方案中,巷道底板围岩应力与底板深度之间关系如图 5-8 所示。

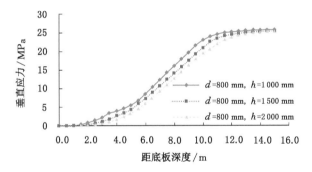

(a) 底板围岩垂直应力

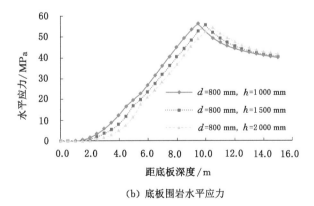

(b) 底板围岩水平应力

图 5-8 第一组卸压方案巷道底板围岩应力与底板深度之间关系

由图 5-8(a)可知,第一组卸压方案中,增加卸压槽深度对巷道底板围岩垂直应力的影响:在距底板 0~15.0 m 深度范围内,底板围岩垂直应力先逐渐增加到应力峰值后再逐渐减小,最终趋于稳定值。在距底板 0~3.0 m 深度范围内,底板垂直应力基本上为 0 MPa。在距底板 3.0~10.0 m 深度范围内,随着卸压槽深度增加,同一底板深度位置,底板垂直应力逐渐减小。卸压槽深度为 2 000 mm 时,底板垂直应力较卸压槽深度为 1 000 mm、1 500 mm 时分别减小 1.5 MPa、3 MPa。在距底板 10.0~15.0 m 深度范围内,不同卸压槽深度的底板垂直应力趋于一致。

由图 5-8(b)可知,第一组卸压方案中,增加卸压槽深度对巷道底板围岩水平应力的影响:在距底板 0~15.0 m 深度范围内,底板水平应力先增加后再减小并逐渐趋于稳定。距底板 0~9.5 m 深度范围内,随着卸压槽深度增加,同一底板深度位置,底板水平应力逐渐减小。卸压槽深度为 2 000 mm 时,底板水平应力峰值较卸压槽深度为 1 000 mm、1 500 mm 时分别减小 1.84 MPa、1.36 MPa。当卸压槽深度为 1 000 mm、1 500 mm、2 000 mm 时,底板水平应力峰值距底板深度分别为 9.5 m、10.0 m 和10.5 m,即随着卸压槽深度的增加,底板水平应力峰值向底板深部围岩转移。

根据数值模拟计算结果,得出第一组卸压方案时巷道围岩塑性区和围岩位移矢量图,如图 5-9 所示。

由图 5-9(a)、(c)和(e)可知,第一组卸压方案中,巷道围岩塑性区与卸压槽深度之间关系:随着卸压槽深度的增加,巷道底板膨胀变形的空间增加,底板塑性区范围增大;卸压槽深度为 1 000 mm、1 500 mm、2 000 mm 时,底板塑性区深度分别为 9.51 m、10.02 m、10.49 m。由图 5-9(b)、(d)和(f)可知,第一组卸压方案中,巷道围岩位移矢量与卸压槽深度之间关系:巷道围岩位移矢量的主要变化区域为巷道底板,随着卸压槽深度的增加,底板位移矢量逐渐减小。

(2) 第二组卸压方案对比分析

第二组卸压方案即卸压槽宽度为 1 200 mm 时的卸压方案,包含卸压方案 4、5 和 6,如表 5-8 所示。

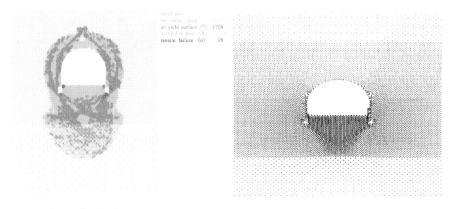

（a）卸压方案1巷道围岩塑性区　　　　　（b）卸压方案1巷道围岩位移矢量图

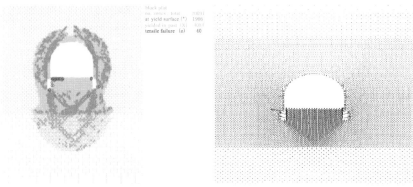

（c）卸压方案2巷道围岩塑性区　　　　　（d）卸压方案2巷道围岩位移矢量图

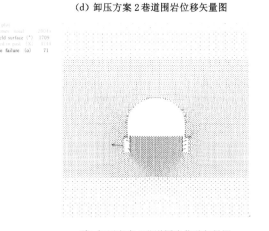

（e）卸压方案3巷道围岩塑性区　　　　　（f）卸压方案3巷道围岩位移矢量图

图 5-9　第一组卸压方案时巷道围岩塑性区和围岩位移矢量图

表 5-8　第二组卸压方案卸压槽参数

卸压方案	宽度 d/mm	深度 h/mm
4	1 200	1 000
5	1 200	1 500
6	1 200	2 000

　　根据数值模拟计算结果,得出第二组卸压方案时巷道围岩应力分布云图,
如图 5-10 所示。

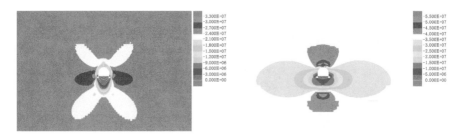

（a）卸压方案 4 巷道围岩垂直应力云图　　　（b）卸压方案 4 巷道围岩水平应力云图

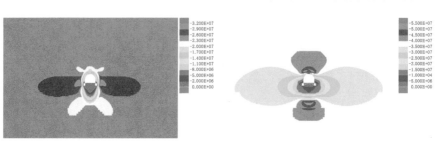

（c）卸压方案 5 巷道围岩垂直应力云图　　　（d）卸压方案 5 巷道围岩水平应力云图

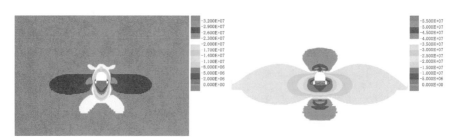

（e）卸压方案 6 巷道围岩垂直应力云图　　　（f）卸压方案 6 巷道围岩水平应力云图

图 5-10　第二组卸压方案时巷道围岩应力分布云图

由图 5-10(a)、(c)和(e)可知,第二组卸压方案中,巷道底板围岩垂直应力与卸压槽深度之间关系:随着卸压槽深度增加,巷道底板浅部围岩垂直应力减小,底板围岩应力集中现象减弱,特别是底板围岩垂直应力的低应力区明显增加。这是由于增加卸压槽深度有利于巷道底板应力释放,围岩积聚的变形能减小,底板垂直应力减小。由图 5-10(b)、(d)和(f)可知,第二组卸压方案中,巷道底板围岩水平应力与卸压槽深度之间关系:与第一组卸压方案相比,第二组卸压方案的巷道底板围岩水平应力降低区扩大,即随着卸压槽深度的增加,底板水平应力向深部转移,从而降低底板浅部围岩应力,有利于底板控制。

数值模拟时在巷道底板中线位置布置深度为 15.0 m 的观测线,观测巷道底板围岩应力与底板深度之间关系,如图 5-11 所示。

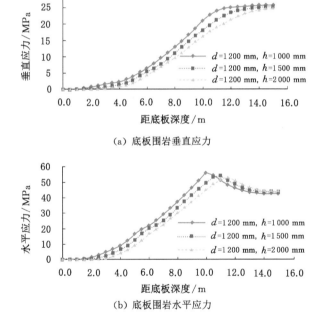

(a) 底板围岩垂直应力

(b) 底板围岩水平应力

图 5-11　第二组卸压方案巷道底板围岩应力与底板深度之间关系

由 5-11(a)可知,第二组卸压方案中,增加卸压槽深度对巷道底板围岩垂直应力的影响:在距底板 0～15.0 m 深度范围内,底板围岩垂直应力先增加后再趋于稳定。在距底板 0～3.0 m 深度范围内,底板垂直应力均接近 0 MPa。随着卸压槽深度的增加,同一底板深度位置,底板垂直应力逐渐减小。在距底板 3.0~11.0 m 深度范围内,卸压槽深度为 2 000 mm 时,底板垂直应力较卸压槽深度为 1 000 mm、1 500 mm 时分别减小 30%~50%、10%~20%。

由图 5-11(b)可知,第二组卸压方案中,增加卸压槽深度对巷道底板围岩水平应力的影响:在距底板 0~15.0 m 深度范围内,底板围岩水平应力先逐渐增加再逐渐减小到稳定值。在距底板 0~3.0 m 深度范围内,底板水平应力接近 0 MPa。在距底板 3.0~10.0 m 深度范围内,卸压槽深度为 2 000 mm 时,底板水平应力较卸压槽深度为 1 000 mm、1 500 mm 时分别减小 20%~70%、15%~50%;卸压槽深度为 2 000 mm 时,底板最大水平应力较卸压槽深度为 1 000 mm、1 500 mm 时分别减小 2.93 MPa、1.28 MPa。当卸压槽深度为 1 000 mm、1 500 mm、2 000 mm 时,底板水平应力峰值距底板深度分别为 10.0 m、11.0 m 和 11.5 m,即随着卸压槽深度的增加,底板水平应力峰值向底板深部围岩移动,底板应力降低区越大,底板卸压效果越明显。与第一组卸压方案相比,第二组卸压方案的底板高应力区向深部围岩转移的距离较远,底板卸压效果较好。

根据数值模拟计算结果,得出第二组卸压方案时巷道围岩塑性区和围岩位移矢量图,如图 5-12 所示。由此可知卸压槽深度对巷道围岩塑性区和围岩位移矢量的影响。

由图 5-12(a)、(c)和(e)可知,随着底板卸压槽深度的增加,巷道底板塑性区范围增大,卸压槽深度为 1 000 mm、1 500 mm、2 000 mm 时,底板塑性区深度分别为 10.59 m、11.35 m、11.97 m;卸压方案 5、方案 6 较卸压方案 4 塑性区分别增加 0.76 m、1.38 m。因此,随着卸压槽深度增加,底板应力降低区增加,底板卸压效果较好。

由图 5-12(b)、(d)和(f)可知,巷道围岩位移矢量主要变化区域为巷道底板,随着卸压槽深度的增加,巷道底板围岩中的水平作用力得到有效释放,底板围岩膨胀变形能减小,底板围岩位移矢量逐渐减小。

与第一组卸压方案相比,第二组卸压方案的底板围岩卸压效果更加明显。为了进一步确定卸压槽深度的影响,下面将第二组卸压方案与第三组卸压方案进行对比分析研究。

(3) 第三组卸压方案对比分析

第三组卸压方案即卸压槽宽度为 1 600 mm 时的卸压方案,包含卸压方案 7、8 和 9,如表 5-9 所示。

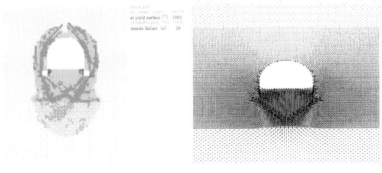

(a) 卸压方案 4 巷道围岩塑性区　　　　　　(b) 卸压方案 4 巷道围岩位移矢量图

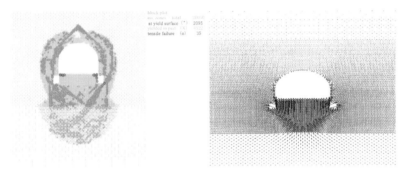

(c) 卸压方案 5 巷道围岩塑性区　　　　　　(d) 卸压方案 5 巷道围岩位移矢量图

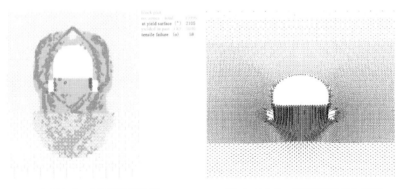

(e) 卸压方案 6 巷道围岩塑性区　　　　　　(f) 卸压方案 6 巷道围岩位移矢量图

图 5-12　第二组卸压方案时巷道围岩塑性区和围岩位移矢量图

表 5-9 第三组卸压方案卸压槽参数

卸压方案	宽度 d/mm	深度 h/mm
7	1 600	1 000
8	1 600	1 500
9	1 600	2 000

根据数值模拟计算结果,得出第三组卸压方案时巷道围岩应力分布云图,如图 5-13 所示。

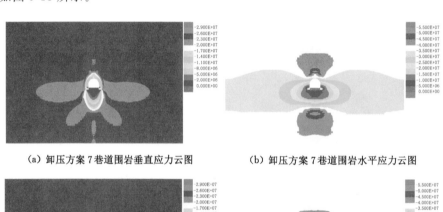

(a) 卸压方案 7 巷道围岩垂直应力云图   (b) 卸压方案 7 巷道围岩水平应力云图

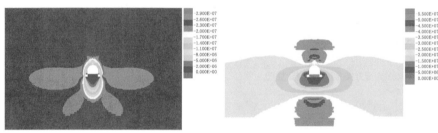

(c) 卸压方案 8 巷道围岩垂直应力云图   (d) 卸压方案 8 巷道围岩水平应力云图

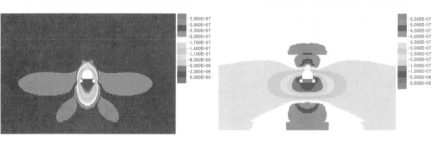

(e) 卸压方案 9 巷道围岩垂直应力云图   (f) 卸压方案 9 巷道围岩水平应力云图

图 5-13 第三组卸压方案时巷道围岩应力分布云图

由图 5-13(a)、(c)和(e)可知,第三组卸压方案中,巷道底板围岩垂直应力与卸压槽深度之间关系:随着卸压槽深度的增加,巷道底板垂直应力降低区增大,开挖卸压槽有利于底板垂直应力释放,增加卸压槽深度对降低底板垂直应力有利。由图 5-13(b)、(d)和(f)可知,第三组卸压方案中,巷道底板围岩水平应力与卸压槽深度之间关系:与第一组、第二组卸压方案相比,第三组卸压方案的巷道底板浅部围岩水平应力降低区范围扩大,即随着卸压槽深度增加,巷道底板塑性区扩大,塑性区内围岩承载能力减小,导致底板高应力区向底板深部围岩转移,进而改善了底板浅部围岩应力状态。

数值模拟时在巷道底板中线位置布置深度为 15.0 m 的观测线,观测巷道底板围岩应力与底板深度之间的关系,如图 5-14 所示。

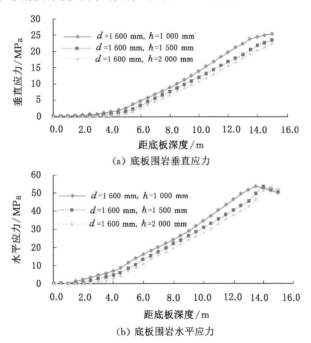

(a) 底板围岩垂直应力

(b) 底板围岩水平应力

图 5-14 第三组卸压方案巷道底板围岩应力与底板深度之间关系

由图 5-14(a)可知,第三组卸压方案中,增加卸压槽深度对巷道底板围岩垂直应力的影响:在距底板 0~15.0 m 深度范围内,底板围岩垂直应力先保持稳定再增加。在距底板 0~4.0 m 深度范围内,底板垂直应力均接近 0 MPa,其后随着距底板深度的增加,底板垂直应力一直增加。但对于同一底板深度位置,随着卸压槽深度的增加,底板垂直应力减小。与第一组和第二组卸压方案相比,第三组卸压方案的巷道围岩塑性区范围最大,其最小值为 13.63 m,

最大值为14.84 m,因此在距底板15.0 m范围内,未能观测到底板围岩垂直应力的最大值。卸压槽深度越大,底板塑性区越大,底板垂直应力降低区越大,所以卸压槽深度越大对巷道底板围岩的维护越有利。

由图 5-14(b)可知,第三组卸压方案中,增加卸压槽深度对巷道底板围岩水平应力的影响:在距底板 0~15.0 m 深度范围内,底板围岩水平应力先保持稳定再增加最后减小。在距底板 0~3.0 m 深度范围内,底板水平应力接近于0 MPa。在距底板 3.0~6.0 m 深度范围内,卸压槽深度为 2 000 mm 时,底板水平应力较卸压槽深度为1 000 mm、1 500 mm 时分别减小 30%~80%、20%~70%。当卸压槽深度为 1 000 mm、1 500 mm、2 000 mm 时,底板水平应力峰值距底板深度分别为 13.5 m、14 m 和 14.5 m,即随着卸压槽深度增加,巷道底板水平应力峰值向深部围岩移动,底板应力降低区越大,巷道底板卸压效果越明显。

根据数值模拟计算结果,得出第三组卸压方案时巷道围岩塑性区和围岩位移矢量图,如图 5-15 所示。

 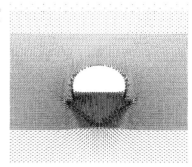

(a) 卸压方案 7 巷道围岩塑性区　　　(b) 卸压方案 7 巷道围岩位移矢量图

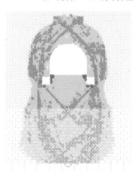 

(c) 卸压方案 8 巷道围岩塑性区　　　(d) 卸压方案 8 巷道围岩位移矢量图

图 5-15　第三组卸压方案巷道围岩塑性区和围岩位移矢量图

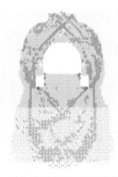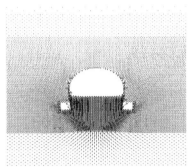

(e) 卸压方案9巷道围岩塑性区   (f) 卸压方案9巷道围岩位移矢量图

图 5-15(续)

由图 5-15(a)、(c)和(e)可知,第三组卸压方案中,巷道底板塑性区与卸压槽深度之间关系:与第一组和第二组卸压方案相比,第三组卸压方案的巷道底板塑性区明显扩大。随着卸压槽深度的增加,底板塑性区范围增大;当卸压槽深度为 1 000 mm、1 500 mm、2 000 mm 时,底板塑性区深度分别为 13.63 m、14.31 m、14.84 m。因此,随着卸压槽深度增加,底板应力降低区增加,底板卸压效果更佳。

由图 5-15(b)、(d)和(f)可知,第三组卸压方案中,巷道围岩位移矢量与卸压槽深度之间关系:巷道围岩位移矢量的主要变化区域为巷道底板,且随着卸压槽深度的增加,底板围岩位移矢量逐渐减小。

由上述三组卸压方案数值模拟结果可知,从围岩应力角度来看,底板卸压槽深度越大,巷道底板高应力区向深部围岩转移的距离越远,底板浅部围岩的应力越小,越有利于巷道底板卸压。从围岩塑性区角度来看,在底板卸压槽宽度一定的条件下,随着卸压槽深度的增加,巷道围岩塑性区增大,而塑性区对底板卸压起决定性作用。因此,底板卸压槽设计深度选择 2 000 mm。

5.4.2 卸压槽宽度对底板稳定性的影响

为了确定巷道底板卸压槽合理宽度,在卸压槽深度一定条件下,改变卸压槽宽度,进行第四组卸压方案的数值模拟,对比分析底板围岩应力场和塑性区范围变化情况,从而选择卸压槽合理宽度。

由前三组卸压方案可知,巷道底板应力场和塑性区范围不仅与卸压槽深度有关,还与卸压槽宽度有关。前三组卸压方案中确定了卸压槽的合理深度为 2 000 mm,因此仅需要确定卸压槽的合理宽度。第四组卸压方案即卸压槽深度为 2 000 mm 的卸压方案,包含卸压方案 3、6 和 9,如表 5-10 所示。

表 5-10　第四组卸压方案卸压槽参数

卸压方案	宽度 d/mm	深度 h/mm
3	800	2 000
6	1 200	2 000
9	1 600	2 000

　　根据数值模拟结果,得出第四组卸压方案时巷道围岩应力分布云图,如图 5-16 所示。

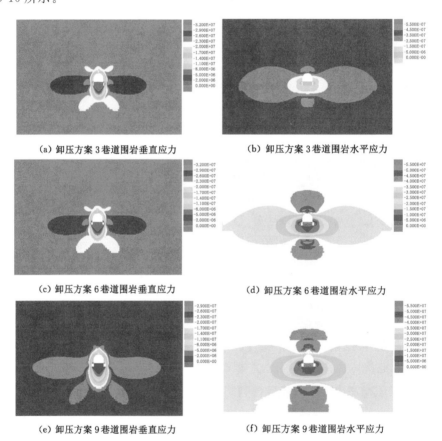

(a) 卸压方案 3 巷道围岩垂直应力　　　　(b) 卸压方案 3 巷道围岩水平应力

(c) 卸压方案 6 巷道围岩垂直应力　　　　(d) 卸压方案 6 巷道围岩水平应力

(e) 卸压方案 9 巷道围岩垂直应力　　　　(f) 卸压方案 9 巷道围岩水平应力

图 5-16　第四组卸压方案时巷道围岩应力分布云图

　　由图 5-16(a)、(c)和(e)可知,第四组卸压方案中,巷道底板围岩垂直应力与卸压槽宽度之间关系:随着卸压槽宽度的增加,巷道底板浅部围岩垂直应力减小,底板垂直应力的低应力区明显增大。由图 5-16(b)、(d)和(f)可知,第四组卸压方案中,巷道底板围岩水平应力与卸压槽宽度之间关系:随着卸压槽宽度的增加,底板浅部围岩水平应力降低区范围扩大,水平应力向围岩深部转移,底板浅部围岩易于控制。

根据数值模拟结果,得到距巷道底板 15.0 m 深度范围内,底板围岩应力与底板深度之间关系,如图 5-17 所示。

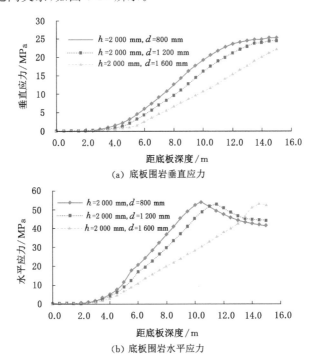

(a) 底板围岩垂直应力

(b) 底板围岩水平应力

图 5-17　第四组卸压方案巷道底板围岩应力与底板深度之间关系

由图 5-17(a)可知,第四组卸压方案中,增加卸压槽宽度对巷道底板围岩垂直应力的影响:随着距底板深度增加,巷道底板垂直应力逐渐增大。在距底板 0～3.0 m 深度范围内,底板垂直应力接近 0 MPa;但随着卸压槽宽度的增加,卸压槽下部同一底板深度的围岩垂直应力逐渐减小。

由图 5-17(b)可知,第四组卸压方案中,增加卸压槽宽度对巷道底板围岩水平应力的影响:在距底板 0～15.0 m 深度范围内,底板围岩水平应力先保持稳定再逐渐增加最后逐渐减小。随着卸压槽宽度的增加,同一底板深度的围岩水平应力下降较明显。与卸压槽宽度为 800 mm 时相比,卸压槽宽度为 1 200 mm 时,底板水平应力降低幅度较小,为前者的 20%～30%;卸压槽宽度为 1 600 mm 时,水平应力降低幅度较大,为前者的 30%～50%。当卸压槽宽度为 800 mm、

深部井巷中平施工法及其"支护固"支护理论

1 200 mm、1 600 mm时,巷道底板围岩水平应力峰值深度分别为10.5 m、11.5 m和 14.5 m,即随着卸压槽宽度的增加,巷道底板水平应力峰值逐渐向深部围岩转移。

根据数值模拟计算结果,得出第四组卸压方案时巷道围岩塑性区和围岩位移矢量图,如图 5-18 所示。

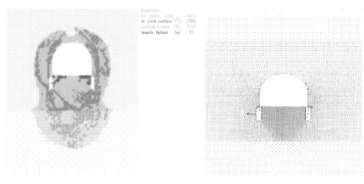

(a) 卸压方案 3 巷道围岩塑性区   (b) 卸压方案 3 巷道围岩位移矢量图

(c) 卸压方案 6 巷道围岩塑性区   (d) 卸压方案 6 巷道围岩位移矢量图

(e) 卸压方案 9 巷道围岩塑性区   (f) 卸压方案 9 巷道围岩位移矢量图

图 5-18   第四组卸压方案时巷道围岩塑性区和围岩位移矢量图

由图 5-18(a)、(c)和(e)可知,第四组卸压方案中,巷道底板塑性区与卸压槽宽度之间关系:随着底板卸压槽宽度的增加,巷道底板塑性区增大,卸压槽宽度为 1 600 mm 时的底板塑性区范围较卸压槽宽度为 800 mm 和 1 200 mm时分别增加 4.24 m 和 2.87 m。

由图 5-18(b)、(d)和(f)可知,第四组卸压方案中,巷道围岩位移矢量与卸压槽宽度之间关系:巷道围岩位移矢量的主要变化区域为巷道底板,随着卸压槽宽度的增加,底板围岩位移矢量逐渐增加。

综上所述,从巷道围岩应力场方面来看,卸压槽宽度越宽,巷道底板高应力区向底板深部转移得越远,巷道浅部围岩应力越小,越有利于掘进巷道围岩稳定。从巷道表面位移来看,当卸压槽深度一定时,卸压槽宽度的增加将造成巷道表面位移量增加。与卸压方案 3 和卸压方案 6 相比,卸压方案 9 的巷道顶底板移近量分别增加 50.3 mm、41.9 mm,底板塑性区深度依次增加 4.05 m、2.77 m。但当卸压槽宽度过大时,卸压槽施工难度增加。因此,从卸压效果和容易施工两个方面综合分析可知,当卸压槽宽度为 1 200 mm时,巷道围岩变形和塑性区范围适中,卸压槽施工较容易,属于较合理的卸压槽宽度。因此,巷道底板卸压槽的合理尺寸(宽度×高度)确定为 1 200 mm×2 000 mm。

5.5 卸压时间对巷道围岩的影响

通常影响巷道围岩卸压效果的主要因素为卸压槽位置、尺寸和卸压时间等。在工程实践中,对卸压槽位置的研究较多,而由于缺乏相应的研究手段,对卸压时间一般靠经验选取。这里采用 UDEC 数值模拟软件,通过控制数值计算中总迭代次数的方法,实现对巷道底板卸压槽卸压时间的数值模拟。

在数值模拟中,通过设置不同的循环迭代次数,反映数值模拟计算模型在不同稳定时间下巷道围岩应力和位移的变化。根据现场巷道矿压观测结果可知,平煤一矿回风上山围岩 300 d 左右基本处于稳定状态。而数值模拟计算至该模型稳定大约需要 150 000 时间步数。因此,为了模拟不同卸压时间对巷道围岩的影响,设置模拟时间步数为 500、3 500 和 7 500,依次模拟卸压时间为 1 d、7 d 和 15 d。通过对比不同卸压时间下巷道围岩的应力、位移和塑性区的变化特征,确定合理的卸压时间。

根据矿井巷道支护实际条件,数值模拟计算模型在底板卸压槽卸压之前进行模拟巷道支护,在巷道卸压完成后,采用 Fillback 命令对卸压槽进行刚性材料充填。模拟巷道支护采用三层锚杆、四层喷射混凝土和三层钢丝绳网支护;钢丝绳网采用厚度为 5 mm 的高强度柔性喷射混凝土代替。

5.5.1 卸压时间对巷道围岩应力的影响

通过数值模拟,可以得到不同卸压时间巷道围岩应力分布云图,如图5-19所示。

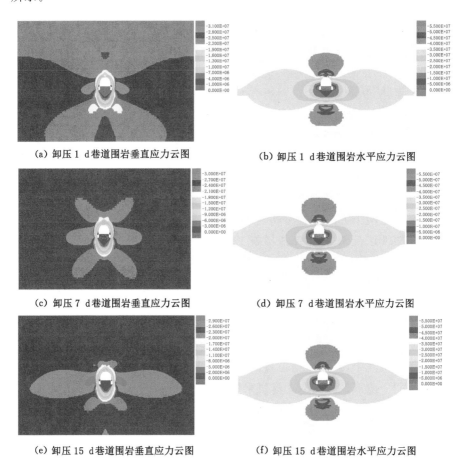

(a) 卸压 1 d 巷道围岩垂直应力云图　　(b) 卸压 1 d 巷道围岩水平应力云图

(c) 卸压 7 d 巷道围岩垂直应力云图　　(d) 卸压 7 d 巷道围岩水平应力云图

(e) 卸压 15 d 巷道围岩垂直应力云图　　(f) 卸压 15 d 巷道围岩水平应力云图

图 5-19　不同卸压时间巷道围岩应力分布云图

由图 5-19(a)、(c)和(e)可知,随着卸压时间的增加,巷道两帮浅部围岩垂直应力和垂直应力峰值均减小,但垂直应力高应力区范围增大。由图5-19(b)、(d)和(f)可知,随着卸压时间的增加,巷道两帮围岩水平应力的低应力区范围不断增大,但巷道底板浅部围岩水平应力减小。

在模拟巷道两帮腰线和巷道底板中线分别设置长度为 15.0 m 的水平和垂直观测线,从巷道表面开始每间隔 0.5 m 设置一个观测点,每条观测线共设 31 个观测点,观测巷道两帮和底板 15.0 m 深度范围内的围岩应力值。不同卸压时间巷道围岩应力与巷帮、底板深度之间关系如图 5-20 所示，图中 time1、time2 和 time3 分别对应于现场实际卸压时间 1 d、7 d 和 15 d。

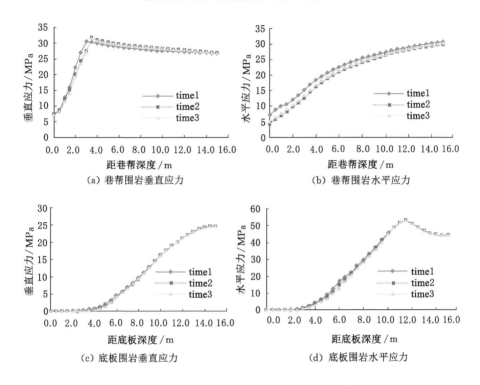

图 5-20　不同卸压时间巷道围岩应力与巷帮、底板深度之间关系

由 5-20(a)可知，随着距巷帮深度的增加，巷道两帮围岩垂直应力呈现先快速增加到峰值后再缓慢减小并趋于稳定。随着卸压时间的增加，距巷帮 0～3.0 m 深度范围内，巷道两帮围岩垂直应力快速增加；同一深度的巷帮围岩垂直应力逐渐减小。随着卸压时间的增加，距巷帮深度大于 3.0 m 的围岩高应力区向深部围岩转移。

由 5-20(b)可知，随着距巷帮深度的增加，巷道两帮围岩水平应力缓慢增加后趋于稳定值；同一深度的巷帮围岩水平应力随着卸压时间的增加有所减小。

由图 5-20(c)和(d)可知，随着距底板深度的增加，巷道底板围岩垂直应力先保持稳定再缓慢增加；底板围岩水平应力先保持稳定再逐渐增加，达到峰值以后逐渐减小。底板卸压时间对巷道底板围岩垂直应力和水平应力影响不明显。因此，单纯增加底板卸压槽卸压时间对巷道两帮围岩应力影响较大，而对巷道底鼓治理作用不明显。

5.5.2　卸压时间对巷道围岩塑性区和位移矢量的影响

通过数值模拟,可以得到不同卸压时间巷道围岩塑性区和位移矢量图,如图 5-21 所示。

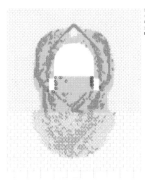
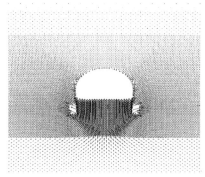

（a）卸压 1 d 巷道围岩塑性区　　　　　　（b）卸压 1 d 巷道围岩位移矢量图

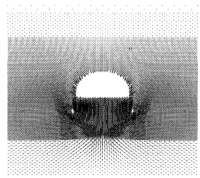

（c）卸压 7 d 巷道围岩塑性区　　　　　　（d）卸压 7 d 巷道围岩位移矢量图

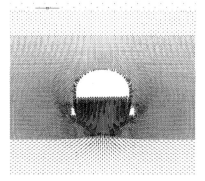

（e）卸压 15 d 巷道围岩塑性区　　　　　　（f）卸压 15 d 巷道围岩位移矢量图

图 5-21　不同卸压时间巷道围岩塑性区和位移矢量图

由图 5-21(a)、(c)和(e)可知,随着卸压时间的增加,巷道围岩不同区域的塑性区范围均增加;卸压时间越长,巷道围岩塑性区范围就越大。卸压期间底板处于未支护状态,且底板受到较大挤压流动影响,故巷道底板塑性区范围较顶板和两帮塑性区范围大。

由图 5-21(b)、(d)和(f)可知,巷道围岩位移矢量的主要变化部位在巷道底板,随着卸压时间的增加,巷道底板位移矢量逐渐增大。由于巷道底板未支护,随着卸压时间的增加,底板围岩中裂隙发育和扩展,底板围岩塑性区范围扩大,造成底板位移矢量增加。

上述分析表明,通过对不同卸压时间下巷道围岩应力、位移和塑性区的数值模拟研究可知,随着底板卸压时间的增加,巷道围岩塑性区范围增加,巷道两帮及底板浅部围岩应力减小,高应力区向深部围岩转移,有利于巷道稳定与维护。因此,在巷道支护条件许可的情况下,选择底板卸压时间 7 d 左右时,底板围岩卸压效果较明显。

5.6　注浆后围岩力学参数对巷道围岩的影响

上述数值模拟结果显示,开挖卸压槽后巷道两帮塑性区范围在 3.0 m 左右,而底板塑性区范围达到 10.0 m。为预防巷道断面持续收敛变形,卸压槽施工后期需对巷道围岩进行注浆加固,特别是对巷道底板注浆加固尤其重要。围岩注浆加固是将高压浆液均匀注入岩体裂隙、裂缝中,提高围岩力学性能,为锚杆提供有效的着力点,使围岩体由注浆前的松动载荷体,转变为注浆后具有抗压、抗拉、抗剪性能且适应复杂应力-应变状态的支护体。为研究注浆加固对巷道围岩力学性质及围岩应力分布的影响,采用数值模拟方法对不同注浆加固程度下围岩应力场和位移场分布规律进行研究,为后期巷道围岩注浆加固提供依据。

在数值模拟过程中,利用 Coulomb 滑移接触面模型本构关系,模拟岩体节理变形特征。影响巷道围岩注浆效果的主要因素有注浆材料、注浆压力和注浆半径等。围岩注浆不仅提高了围岩体的强度,同时提高了节理、裂隙等弱面的强度,而且后者对围岩变形影响尤为明显。

采用中平施工法施工,在模拟巷道围岩注浆加固前,对巷道进行钢丝绳网锚喷支护,采用三层锚杆、四层喷混凝土和三层钢丝绳网支护方式,钢丝绳网用厚度为 5 mm 的高强度柔性喷射混凝土代替,然后进行卸压槽卸压。卸压

15 d 之后,采用 fillback 命令对卸压槽进行刚性材料充填。

上述为围岩注浆加固前数值模拟全过程,之后进行围岩注浆加固模拟。

注浆锚杆规格为 ϕ20 mm×1 800 mm 的自固式注浆锚杆。根据注浆锚杆长度和注浆加固范围,在模拟巷道围岩 3.0 m 范围内(围岩为泥岩),分别通过 change mat 和 change jmat 命令改变该区域内岩块和节理力学参数。注浆加固程度不同,模拟巷道注浆后围岩岩层和节理面物理力学参数不同,如表 5-11、表 5-12 所示。利用 UDEC 数值模拟后,可以得出不同注浆加固程度下巷道围岩应力场、位移场和塑性区特征,确定出合理的注浆加固参数。

表 5-11　注浆后巷道围岩岩层物理力学参数

注浆加固程度	体积模量/GPa	剪切模量/GPa	黏聚力/MPa	摩擦角/(°)	抗拉强度/MPa
未注浆	6.26	3.69	1.56	24.3	2.24
注浆加固-1	9.84	5.44	2.72	28.5	3.81
注浆加固-2	15.32	8.36	4.08	33.2	5.58
注浆加固-3	21.01	11.25	5.63	37.4	7.26

表 5-12　注浆后巷道围岩节理面物理力学参数

注浆程度	体积模量/GPa	剪切模量/GPa	黏聚力/MPa	摩擦角/(°)	抗拉强度/MPa
未注浆	1.42	0.33	0.80	20	0.01
注浆加固-1	10.00	2.08	5.00	25	0.12
注浆加固-2	20.00	4.24	15.00	28	0.30
注浆加固-3	30.00	6.45	25.00	32	0.56

5.6.1　注浆加固程度对围岩应力的影响

根据数值模拟计算结果,得出不同注浆加固程度巷道围岩应力分布规律云图,如图 5-22 所示。

由图 5-22 可知,随着巷道围岩注浆加固程度的提高,巷道围岩垂直应力高应力区范围减小,且巷帮围岩水平应力低应力区范围也逐渐缩小,而巷道围岩原岩应力区范围不断增大;同时巷道围岩垂直应力峰值和水平应力

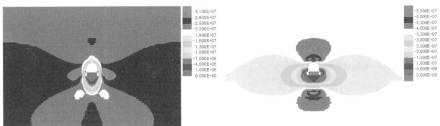

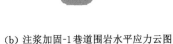

| (a) 注浆加固-1巷道围岩垂直应力云图 | (b) 注浆加固-1巷道围岩水平应力云图 |

| (c) 注浆加固-2巷道围岩垂直应力云图 | (d) 注浆加固-2巷道围岩水平应力云图 |

| (e) 注浆加固-3巷道围岩垂直应力云图 | (f) 注浆加固-3巷道围岩水平应力云图 |

图 5-22　不同注浆加固程度巷道围岩应力分布云图

峰值不断增加,且向巷道浅部围岩转移,浅部围岩承载能力提高。因此,随着注浆加固程度的提高,巷道围岩的稳定性提高。

5.6.2　注浆加固程度对围岩位移的影响

根据数值模拟计算结果,得出不同注浆加固程度巷道围岩位移云图,如图5-23 所示。

由图 5-23 可知,随着巷道围岩注浆加固程度的提高,围岩塑性区内岩体胶结程度提高,巷道浅部围岩整体性和承载能力提高,深部围岩向巷道开挖空间移动变形受阻。因此,巷道围岩垂直位移量和水平位移量均减小。

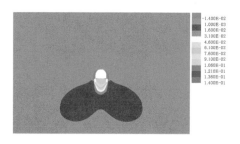

（a）注浆加固-1巷道围岩垂直位移云图　　　　（b）注浆加固-1巷道围岩水平位移云图

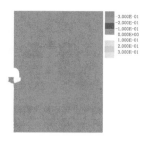

（c）注浆加固-2巷道围岩垂直位移云图　　　　（d）注浆加固-2巷道围岩水平位移云图

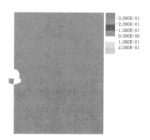

（e）注浆加固-3巷道围岩垂直位移云图　　　　（f）注浆加固-3巷道围岩水平位移云图

图 5-23　不同注浆加固程度巷道围岩位移云图

5.6.3　注浆加固程度对围岩塑性区和位移矢量的影响

　　根据数值模拟计算结果，得出不同注浆加固程度巷道围岩塑性区范围和位移矢量图，如图 5-24 所示。

　　由图 5-24 可知，随着巷道围岩注浆加固程度的提高，巷道围岩不同区域的塑性区范围均减小，其中顶板和两帮围岩塑性区范围减小幅度比底板减小幅度明显。巷道围岩位移矢量的变化区域主要为巷道底板，随着巷道围岩注

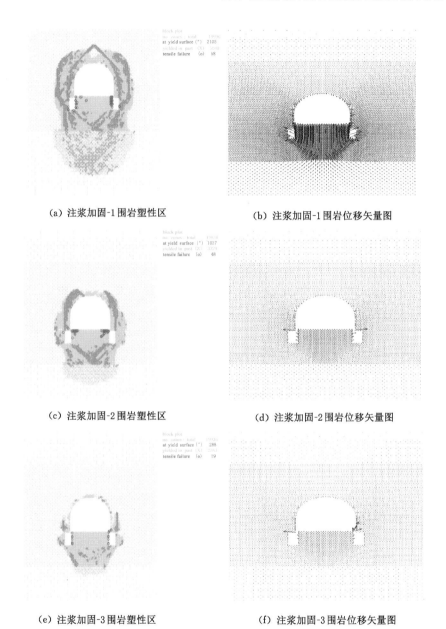

图 5-24 不同注浆加固程度巷道围岩塑性区和位移矢量图

浆加固程度的提高，巷道底板位移矢量逐渐减小。不同注浆加固程度巷道围岩塑性区大小见表 5-13。

表 5-13 不同注浆加固程度巷道围岩塑性区范围

加固方案	塑性区范围/m		
	顶板	两帮	底板
注浆加固-1	2.42	2.75	11.27
注浆加固-2	0.85	1.74	8.54
注浆加固-3	0.26	0.95	5.38

5.6.4 不同注浆加固程度下围岩应力的特征

根据数值模拟计算结果，在巷道两帮直墙中部的水平位置和底板中线位置，分别设置 15.0 m 长的水平和垂直观测线，从巷道表面开始每间隔 0.5 m 设置一条观测线，每条观测线设置 31 个观测点，用于观测巷道深部围岩应力和位移的变化。

不同注浆加固程度巷道围岩应力与巷帮、底板深度关系曲线如图 5-25 所示。

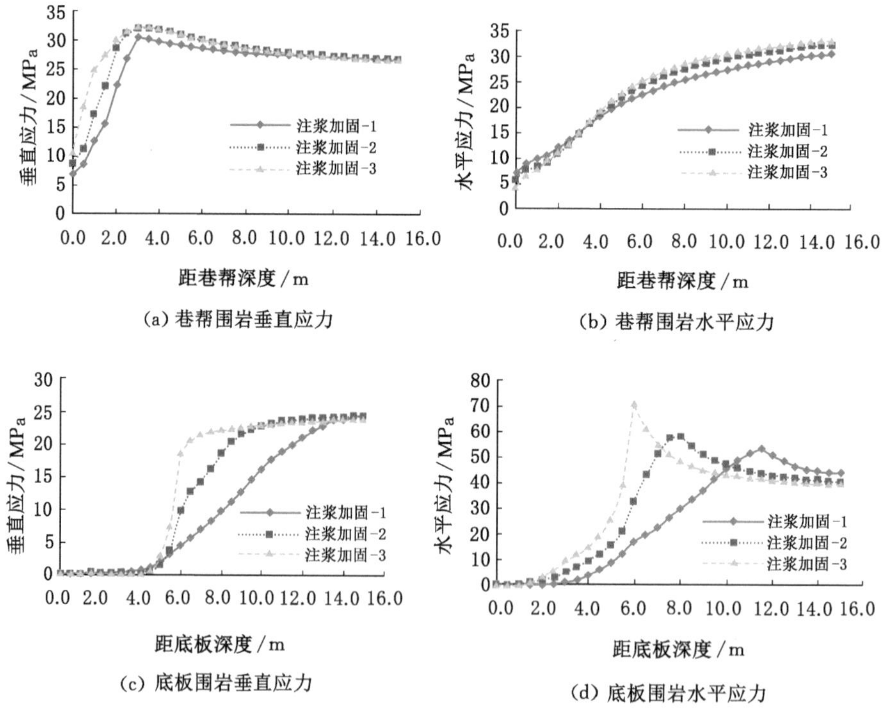
垂直应力/MPa
距巷帮深度/m
注浆加固-1
注浆加固-2
注浆加固-3
(a) 巷帮围岩垂直应力
水平应力/MPa
距巷帮深度/m
(b) 巷帮围岩水平应力
垂直应力/MPa
距底板深度/m
(c) 底板围岩垂直应力
水平应力/MPa
距底板深度/m
(d) 底板围岩水平应力

图 5-25 不同注浆加固程度巷道围岩应力与巷帮、底板深度之间关系

(1)垂直应力特征。由图 5-25(a)可以看出,距巷帮 0～15.0 m 范围内,巷道两帮围岩垂直应力先增加而后减小,最后趋于稳定。随着注浆加固程度的提高,距巷帮 0～3.0 m 范围内,巷帮围岩垂直应力逐渐增加,并且垂直应力高应力区范围扩大;距巷帮 11.0～15.0 m 范围内,围岩垂直应力稳定,与注浆程度基本无关。由图 5-25(c)可知,随着注浆加固程度的提高,距底板 0～5.0 m 范围内,巷道底板围岩垂直应力低应力区范围保持不变;距底板 5.0～13.0 m 深度范围内,巷道底板围岩垂直应力快速增加后进入稳定阶段,在注浆加固-1、注浆加固-2 和注浆加固-3 情况下,巷道底板围岩垂直应力分别以 2.43 MPa/m、4.11 MPa/m、8.37 MPa/m 速度增加,如表 5-14 所示。此外,随着注浆加固程度的提高,巷道底板围岩塑性区范围大幅度减小。

表 5-14 巷道围岩应力增加速度与注浆加固程度关系

注浆程度	底板围岩		两帮围岩	
	垂直应力增加速度 /(MPa/m)	平均垂直应力 /MPa	水平应力增加速度 /(MPa/m)	平均水平应力 /MPa
注浆加固-1	2.43	12.08	1.57	22.44
注浆加固-2	4.11	12.08	1.79	23.65
注浆加固-3	8.37	12.08	1.95	24.21

(2)水平应力特征。由图 5-25(b)可知,距巷帮 0～15.0 m 范围内,巷道两帮围岩水平应力一直缓慢上升,但在 3 种注浆加固程度下巷帮围岩水平应力均未超过原岩应力水平,且在同一底板深度位置处,注浆加固程度越高,巷帮围岩水平应力增加越多。在不同注浆加固程度下,巷道两帮围岩水平应力见表 5-14。由图 5-25(d)可知,距巷道底板 0～15.0 m 深度范围内,底板水平应力先增加后再减小;随着注浆加固程度的提高,在同一底板深度位置处,围岩水平应力不断增加,且水平应力峰值所在位置距底板深度减小。由此可见,提高围岩注浆加固程度,可以有效地提高巷道围岩承载能力。

(3)应力峰值和应力集中系数。随着注浆加固程度的提高,巷道围岩应力峰值和应力集中系数增加;应力峰值距巷帮深度基本保持不变,即提高巷道围岩注浆加固程度,也相应提高了巷道浅部围岩承载能力。巷道围岩应力峰值特征如表 5-15 所示。

表 5-15　巷道围岩应力峰值特征

围岩位置	应力峰值参数	注浆加固程度		
		注浆加固-1	注浆加固-2	注浆加固-3
两帮	垂直峰值应力/MPa	30.60	32.19	32.42
	距巷帮深度/m	3.0	3.0	3.0
	最大垂直应力集中系数	1.22	1.28	1.29
底板	水平峰值应力/MPa	53.15	58.47	71.14
	距底板深度/m	11.5	8.0	6.0
	最大水平应力集中系数	1.40	1.54	1.87

　　不同注浆加固程度巷道围岩位移量与巷帮、底板深度之间关系如图 5-26 所示。由图可知,巷道围岩注浆加固程度越高,围岩完整性越好;随着注浆加固程度的提高,巷道围岩垂直和水平位移量逐渐减少,其中巷道顶底板和两帮移近量如表 5-16 所示。由表可知,注浆加固-2 较注浆加固-1 的巷道两帮移近量减小 37.0%,顶底板移近量减小 59.0%;而注浆加固-3 较注浆加固-1 的巷道两帮移近量减小 55.4%,顶底板移近量减小 73.7%。特别是达到最大注浆加固程度注浆加固-3 时,巷道两帮移近量和顶底板移近量分别为 31.2 mm 和 29.0 mm,减小幅度分别为 55.4% 和 73.7%。因此,采用中平施工法施工巷道围岩注浆时,应优先选择注浆加固程度高的注浆加固方案。

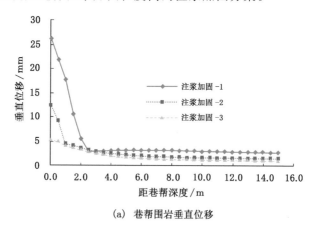

(a) 巷帮围岩垂直位移

图 5-26　巷道围岩位移量与巷帮、底板深度之间关系

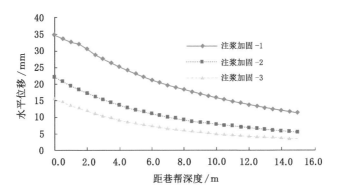

(b) 巷帮围岩水平位移

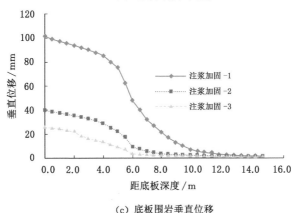

(c) 底板围岩垂直位移

图 5-26(续)

表 5-16 不同注浆加固程度巷道围岩变形量

注浆程度	两帮移近量/mm	顶底板移近量/mm
注浆加固-1	70.0	110.4
注浆加固-2	44.1	45.3
注浆加固-3	31.2	29.0

综上所述,从巷道围岩应力环境方面提高巷道围岩注浆加固程度,有利于减小巷道围岩塑性区,提高巷道浅部围岩完整性和围岩承载能力。注浆加固程度越高,巷道围岩塑性区范围和围岩位移量越小。所以有条件时,应尽可能提高注浆材料的力学性能和围岩注浆加固程度,实现对巷道围岩的有效控制。

5.7　小结

本章针对平煤一矿三水平下延回风上山的地质条件,采用中平施工法施工,巷道采用锚网喷注联合支护时,利用数值模拟研究底板卸压和注浆加固机理及其有关参数对巷道围岩变形和应力的影响,得出以下主要结论:

（1）回风上山支护采用中平施工法的主动、耦合先进支护理念,以主动支护和柔性支护为基础,以改善巷道围岩力学状态为切入点,实现由多层钢丝绳网为骨架的多层喷射混凝土形成的韧性混凝土喷层,作为止浆层和支护体;同时在巷道底板高应力区域开挖卸压槽,降低巷道浅部围岩应力,改善巷道支护环境;不断调整注浆压力,使高压浆液在岩体裂隙中均匀分布,达到封闭、让压、卸压、强化围岩性能,进而实现巷道长期稳定。

（2）研究了巷道底板卸压槽的卸压机理。底板卸压槽卸压后,巷道围岩应力(垂直应力和水平应力)降低,围岩应力集中现象减弱,且浅部围岩的低应力区范围增加,高应力区范围减小,围岩应力向围岩深部转移。其主要原因是:开挖卸压槽为巷道底板围岩膨胀变形提供了空间,在高应力作用下底板围岩裂隙向深部扩展,导致卸压后巷道底板塑性区范围扩大,从而高应力区向深部底板转移,浅部围岩应力降低,实现了底板卸压。

（3）综合分析得到了底板卸压槽的合理尺寸。从巷道围岩应力角度来看,卸压槽深度越深,底板高应力区向深部底板转移的深度越深,底板浅部围岩应力越小。在底板卸压槽宽度一定的条件下,随着卸压槽深度的增加,围岩塑性区范围增大,而塑性区对底板卸压起着决定作用。随着卸压槽宽度的增加,巷道围岩位移量和塑性区范围均增加,在卸压槽深度一定时,卸压槽宽度越大,围岩卸压作用越明显;但增大卸压槽宽度将造成底板塑性区范围急剧增加。综合考虑卸压效果、施工难度和经济效益等方面因素,确定底板卸压槽深度为 2 000 mm、卸压槽宽度为 1 200 mm 较合理。

（4）卸压时间直接影响底板卸压效果。通过卸压时间数值模拟计算,得出底板卸压槽卸压时间为 1 d、7 d 和 15 d 时,巷道两帮移近量分别为 69.9 mm、77.4 mm 和 78.3 mm,顶底板移近量分别为 110.4 mm、121.2 mm 和127.1 mm,底板塑性区范围分别为 11.87 m、12.10 m 和 12.64 m。所以底板卸压时间越长,巷道围岩位移量和塑性区范围越大,围岩卸压效果越明显。在巷道支护条件允许时,选择底板卸压时间 7 d 左右,围岩卸压效果较明显。

（5）围岩注浆加固程度对巷道围岩控制影响明显。围岩注浆加固程度越高,巷道浅部围岩承载能力越大,围岩应力分布越均匀。注浆加固程度越高,巷道围岩位移量和塑性区范围越小。因此,锚注支护巷道围岩注浆时,应优先选择注浆程度高的注浆加固方案。

6 深部巷道围岩变形破坏
特征相似模拟研究

随着矿井开采深度的增加,平顶山矿区深部巷道围岩应力逐渐增加,尤其是在地质构造区如断层、褶皱轴部等,不仅表现为围岩垂直应力的增加,而且表现为围岩水平应力的升高。在高水平应力作用下,深部巷道出现围岩变形量大、底鼓普遍严重等矿压显现现象,造成深部巷道支护成本高,支护效果差,维修工程量大,巷道维护十分困难,严重影响深部巷道的正常使用。基于相似材料模拟试验较现场矿压观测研究时间短、研究内容全面等特点,本章采用相似材料模拟试验方法,研究中平施工法深部巷道围岩变形破坏特征,为深部巷道"支护固"支护理论模型的建立提供理论基础。

6.1 相似材料模拟试验设计

以平煤一矿三水平延戊一采区回风上山掘进巷道为工程背景,通过相似材料模拟试验研究不同埋深和深部不同构造应力作用下,钢丝绳网锚注支护+卸压槽、钢丝绳网锚注支护无卸压槽以及钢丝绳网锚杆支护三种支护条件下巷道围岩变形破坏特征,为深部巷道围岩控制技术提供理论依据。

设计模拟巷道的三种支护方式如下:

(1)模拟巷道掘出后,采用模拟锚网喷支护且底板无卸压槽,该支护方式简称为支护方式1。支护方式1原型为深部巷道的"钢丝绳网+锚杆+底板无卸压槽"联合支护。

(2)模拟巷道掘出后,采用模拟锚网喷注支护且底板无卸压槽,该支护方式简称为支护方式2。支护方式2原型为深部巷道的"钢丝绳网+锚注+底板无卸压槽"联合支护。

(3)模拟巷道掘出后,采用模拟锚网喷注支护且底板布置卸压槽,围岩卸压以后将卸压槽充填密实,该支护方式简称为支护方式3。支护方式3原型为中平施工法深部巷道的"钢丝绳网+锚注+底板卸压槽"联合支护。

　　模拟试验系统采用河南理工大学研制的 YDM-E 型采矿工程物理模型试验系统。该系统主要由强刚性加载框架、加载系统、平面变形控制系统、双向旋转系统、支撑系统、油压控制系统、模型平面垫板和减摩系统以及巷道开挖控制系统等组成,如图 6-1 所示。该模型尺寸为 1 600 mm×1 600 mm×400 mm;模型底板边界为固支边界,上部和两边边界为自由边界,可以实施两向三面主动加载,可加单向荷载、双向荷载和阶梯形荷载;模型边界最大荷载集度为 5 MPa,荷载集度相对偏差小于 1%;相似模型内应变场均压范围可达 1 300 mm×1 300 mm,应变场均匀度相对偏差小于 5%。

图 6-1　相似材料模拟试验系统

6.1.1　原型巷道地质和支护条件

　　平煤一矿三水平下延戊一采区回风上山位于戊$_8$煤层顶板 20 m 的砂质岩层中,为半圆拱形倾斜岩石巷道,巷道净宽×净高为 6.00 m×4.85 m,巷道倾角为 10°~14°,全长为 768 m,平均埋深为 877.0 m。巷道顶底板岩层为泥岩和砂质泥岩,岩石强度较低,普氏系数为 2~4,因此巷道属于深部工程软岩巷道。

　　现场巷道掘进采用中平施工法的“喷浆＋钢丝绳网＋锚杆＋卸压槽＋注浆”联合支护技术。以多分层钢丝绳为径向骨架形成钢丝绳网混凝土强韧封层;通过开挖巷道两底脚卸压槽实现底板高应力区向深部围岩转移,使巷道围岩卸压;通过围岩注浆加固,提高巷道围岩自身强度,为锚杆提供可靠的锚固着力点,充分发挥锚杆的锚固作用,有效防止围岩风化,提高围岩自承能力。

　　中平施工法巷道支护施工工艺如下:① 初喷。初次喷射混凝土厚度为 80 mm,强度不低于 C35 混凝土喷层。② 挂钢丝绳网,安装螺纹钢金属锚杆。锚杆施加预紧力前,以锚杆端头为固定点,将加工后的废旧钢丝绳沿巷道环向和轴向拉紧固定在锚杆端头,锚杆施加预紧力前用托盘将钢丝绳压牢。③ 第二次喷射混凝土、挂网和安装锚杆。喷层厚度为 100 mm;垂直巷道表面施工高强锚杆,挂钢丝绳网,对锚杆施加预紧力。④ 第三次喷射混凝土、挂网和安装锚杆。喷层厚度为 100 mm;垂直巷道表面施工高强锚杆,挂钢丝绳网,对锚杆施加预紧力。⑤ 在巷道两底脚开挖卸压槽。卸压槽的宽×高为 800 mm×600 mm;卸压 7 d 左右进行第四次混凝土喷射,喷层厚度为 70 mm;同时利用喷射混凝土充填卸压槽。⑥ 围岩注浆。待巷道两帮移近量达到 30~50 mm时,开始逐排从巷道底板向巷道两帮和顶板方向顺序进行围岩注浆。注浆锚杆直径 20 mm,长度1 800 mm,锚杆间排距 1 500 mm×1 500 mm。注浆材料为 425#、525# 水泥制备的水泥浆,水灰比(0.8~1.0)∶1,注浆压力 1.5~4.0 MPa。

每层锚杆采用高强度左旋无纵肋螺纹钢金属锚杆,规格为 $\phi22$ mm×2 400 mm,抗拉强度为 1 645.9 MPa,间排距为 700 mm×700 mm。钢丝绳采用经处理后无油的废旧矿用钢丝绳中的两股,直径为 12~20 mm,抗拉强度为1 400~2 000 MPa,钢丝绳网格尺寸为 700 mm×700 mm;钢丝绳必须牢固地密贴于初次喷层(或上次喷层)的表面;钢丝绳沿巷道轴向长度不小于10 m,沿巷道环向长度必须横贯巷道除底板以外的整个断面周长;沿巷道轴向和环向分层铺设的钢丝绳经纬网的交叉点由分层锚杆的托盘压紧绷直,严禁漏压,且钢丝绳通过的锚固锚杆的末端必须在两股钢丝绳间夹紧;钢丝绳两绳间的搭接长度大于 400 mm,必须顺花压茬编花,压茬要紧固,茬口要光滑,杜绝出现两绳间不搭接的现象。

6.1.2 相似常数和相似材料配比

相似材料的选取将直接影响相似材料模拟试验的结果。根据模拟试验所模拟的煤岩层物理力学性质,选用细河沙作为骨料,碳酸钙、石膏和水泥作为胶结材料,硼砂作为缓凝剂。

(1)相似常数确定

巷道矿压模拟试验研究通常采用大比例相似模拟材料试验。根据平煤一矿井下巷道工程地质条件和模拟试验系统,确定模拟试验相似常数。模型几何相似常数$a_L = L_m/L_p = 1\colon 30$;时间相似常数 $a_t = t_m/t_p = \sqrt{a_L} = \sqrt{1/30} = 0.18$;密度相似常数 $a_\gamma = \gamma_m/\gamma_p = 0.6$;其他参数相似常数计算如下:

强度相似常数:$a_\sigma = \dfrac{\sigma_m}{\sigma_p} = \dfrac{\gamma_m L_m}{\gamma_p L_p} = a_\gamma a_L = 0.02$;

泊松比相似常数:$a_\mu = 1$。

(2)相似材料配比

参照目前常用的相似材料配比表,通过相似材料配比试验,得到模型相似材料有关参数和相似材料配比,如表 6-1 所示。

表 6-1 模型相似材料配比表

岩层编号	岩层性质	原型		模型		模型分层厚度/mm	模型材料配比(河沙：碳酸钙：石膏)
		层厚/m	抗压强度/MPa	层厚/mm	抗压强度/kPa		
6	砂质泥岩	4.4	14.7	14.7	294	3	3：3：7
5	中砂岩	6.6	26.2	22.0	524	6	9：5：5
4	泥岩	5.7	8.3	19.0	166	6	6：3：7
3	泥岩	8.5	8.7	28.3	174	14	6：3：7
2	泥岩	12.8	9.3	42.7	186	11	5：3：7
1	砂质泥岩	10.0	15.0	33.3	300	7	3：3：7

6.2 相似材料模拟试验过程

6.2.1 模型制作

模型制作前,首先调试模拟试验台设备运转状况,待设备正常运转时,按照相似材料配比表(见表 6-1),从下到上逐层制作模拟煤岩层,直至完成整架模型。为了使模型与原型巷道的弱面相似,模拟岩层的层面用云母片;按照模拟巷道综合柱状图显示和现场施工揭露的岩层层理、节理发育特征确定模拟岩层的分层厚度和节理特征,层理面和节理面采用滑石粉处理。模型制作完成后,在室内温度条件下干燥数天后,拆除模型两侧加压模板,在室内继续干燥 10～15 d 后,即可进行模拟巷道的开挖、支护和模型边界加压,同时进行巷道围岩变形破坏特征的观测工作。

设计的相似模型边界条件、模型尺寸等参数如图 6-2 所示。在支护方式 3 条件下,制作的相似模型如图 6-3 所示。

6.2.2 支护模拟

中平施工法施工巷道采用"喷混凝土＋钢丝绳网＋锚杆＋卸压槽＋注浆"联合支护,简化为"钢丝绳网＋锚注＋底板卸压槽"联合支护。按照模拟支护与原型支护应满足几何相似、强度相似、外力相似等相似常数,选取的模拟支护与原型支护参数对照表如表 6-2 所示。

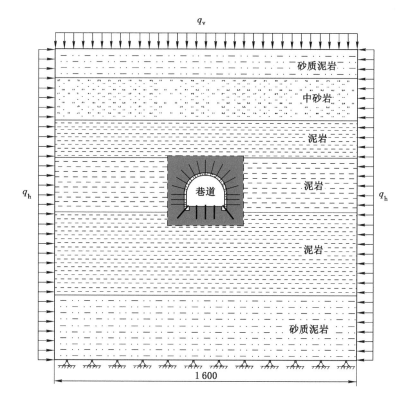

图 6-2　相似材料模型和边界受力条件立面图

图 6-3　支护方式 3 试验模型(锚网喷注支护有卸压槽)

表 6-2　模拟支护与原型支护参数对照表

支护构件	原型	模型
锚杆	螺纹钢金属锚杆,规格 $\phi22$ mm×2 400 mm,间排距 700 mm×700 mm	相似木质材料,规格 $\phi0.7$ mm×80 mm,间排距 23 mm×23 mm
托盘	钢材,方形,规格 150 mm×150 mm	易拉罐材料,方形,规格 0.5 mm×0.5 mm
锚固剂	MSCK2850、MSK2850 型树脂药卷	质量比 1:1 的石膏水泥浆
钢丝绳网	废旧矿用钢丝绳,搭接长度不得小于 400 mm	双层塑料纱窗网,搭接长度为 13 mm
喷层材料	C35 混凝土,喷层厚度 350 mm	质量比 1:0.5 的石膏水泥浆,涂层厚度 12 mm
注浆材料	42.5R 高强水泥浆,水灰比 0.8:1	水泥与碳酸钙质量比 1:2 混合,水灰比 0.8:1;模型铺设时,将混合物均匀加注到巷道围岩中,模拟巷道围岩注浆
卸压槽	宽度×深度为 800 mm×600 mm,C35 混凝土充填	宽度×深度为 27 mm×20 mm,卸压后用质量比 0.5:1 的石膏水泥浆充填

　　根据相似常数计算出模型巷道规格:净宽 200 mm,净高 162 mm,其中墙高 62 mm,混凝土喷层厚度 12 mm。模拟锚杆支护采用机械钻孔,模拟锚固剂为质量比 1:1 的石膏水泥浆,模拟钢丝绳网为双层塑料纱窗网,如图 6-4 所示。模拟人工开挖后的卸压槽,如图 6-5 所示。支护原型喷射混凝土强度为 C35,模型模拟时选用石膏水泥浆,质量比 1:0.5。塑料纱窗网模拟现场支护钢丝绳网;将石膏水泥浆涂抹在模型塑料纱窗网上模拟现场钢丝绳网喷射混凝土。底板卸压槽卸压以后,利用石膏水泥浆进行回填,如图 6-6 所示。模型巷道围岩的注浆材料为水泥与碳酸钙质量比 1:2 的混合物,水灰比 0.8:1。

图 6-4　模拟钢丝绳网锚杆支护　　　　图 6-5　模拟人工开挖后的卸压槽

图 6-6　模拟钢丝绳网锚杆支护与回填后的卸压槽

　　鉴于模拟巷道围岩注浆非常困难,因此在模型铺设时,将注浆材料预先均匀加注到巷道围岩需要注浆加固的组合圈中,以此来模拟巷道围岩的注浆加固,如图 6-7 所示。模型支护材料的力学性能以室内试验为基础。

图 6-7　模拟钢丝绳网锚杆支护＋底板卸压槽＋围岩注浆支护

6.2.3　加载方案

　　平煤一矿原型巷道埋深为 880 m,根据平顶山矿区地应力分布规律、地应力与埋深之间关系,在模型边界逐渐增加相应的边界应力。为了研究在一定支护方式条件下,巷道围岩变形和破坏特征与埋深、构造应力之间关系,模拟试验时模型巷道围岩原岩应力场采用静水自重应力场和构造应力场两种形式。按照下面 3 个阶段对模型边界进行缓慢逐渐加载,当达到某个设定应力状态后,加载系统停止加载施压,保持稳压 30～60 min。之后通过照相、素描以及测点位移和压力传感器等测定模型巷道围岩应力和位移量大小等参数。

（1）第1阶段：在静水自重应力场条件下，按照埋深400 m、600 m、800 m、1 000 m和1 200 m的原岩应力状态，对模型边界进行加载，研究埋深对巷道围岩变形破坏的影响。

（2）第2阶段：在构造应力场条件下，模拟构造应力对围岩稳定性和变形破坏的影响。当模型边界加载至1 200 m埋深的静水自重应力状态后稳压，然后逐渐增加模型边界的水平侧压力；当原岩应力场水平应力侧压系数λ依次达到1.5、1.75、2.0、2.5和3.0时，测定巷道围岩应力和变形量，用来研究构造应力对模拟巷道围岩稳定性和变形破坏的影响。

（3）第3阶段：埋深1 200 m的深部巷道，当侧压系数λ达到3.0时，在保持模型上边界垂直应力不变的条件下，持续增大模型两侧边界的水平应力，直至模型巷道处于垮塌临界状态时，模型模拟试验结束。

相似模拟试验模型边界设计的加载方案如表6-3所示，模拟试验液压加载系统如图6-8所示。

表6-3　相似模拟试验模型边界设计的加载方案

加载顺序	加载状态	原型/MPa		模型/MPa		加载系统/MPa	
		垂直应力	水平应力	垂直应力	水平应力	垂直液压缸	水平液压缸
1	埋深400 m	10	10.0	0.2	0.20	0.71	0.71
2	埋深600 m	15	15.0	0.3	0.30	1.06	1.06
3	埋深800 m	20	20.0	0.4	0.40	1.42	1.42
4	埋深1 000 m	25	25.0	0.5	0.50	1.77	1.77
5	埋深1 200 m	30	30.0	0.6	0.60	2.13	2.13
6	埋深1 200时,$\lambda=1.5$	30	45.0	0.6	0.90	2.13	3.20
7	埋深1 200,$\lambda=1.75$	30	52.5	0.6	1.05	2.13	3.73
8	埋深1 200,$\lambda=2.0$	30	60.0	0.6	1.20	2.13	4.26
9	埋深1 200,$\lambda=2.5$	30	75.0	0.6	1.50	2.13	5.33
10	埋深1 200,$\lambda=3.0$	30	90.0	0.6	1.80	2.13	6.39

6.2.4　围岩应力与位移观测方法

（1）应力观测

利用北京泰瑞金星仪器有限公司生产的DH3818型智能数字应变仪，对

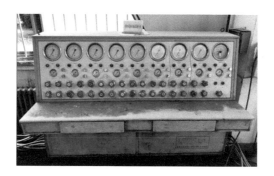

图 6-8　模拟试验液压加载系统

模拟巷道进行围岩应力测定。通过数据观测线连接预先埋入模型中的 BX-1
型土压力传感器,如图 6-9 所示。在模型顶底板和两帮共安装布置 20 个土压
力传感器,其中在顶底板沿巷道中线各布置 5 个传感器,传感器测点位于原型
巷道顶底板围岩深度依次为 1 m、2 m、3 m、5 m 和 7 m,顶底板压力传感器水
平放置,用于观测顶底板垂直应力;在巷道直墙一半高度的水平线上,在巷道

(a) 微型土压力传感器

(b) 数据采集系统(数据线、应变仪和计算机等)

图 6-9　围岩应力观测仪器和设备

两帮各布置 5 个传感器,传感器测点位于原型巷道两帮围岩深度依次为 0.5 m、1.5 m、2.5 m、3.5 m、4.5 m 和 1 m、2 m、3 m、4 m、5 m;两帮压力传感器水平放置,用于观测两帮测点垂直应力。模型压力传感器布置如图 6-10 所示。

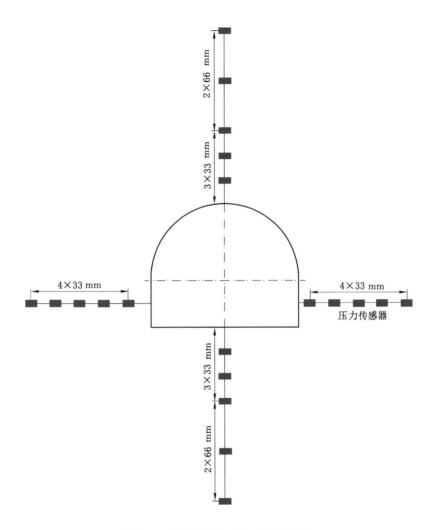

图 6-10　模型压力传感器布置立面图

每次加载系统加载后稳压 30 min,待巷道围岩应力变化稳定后,进行模型巷道矿压显现观测工作。各观测点的数据通过 DH3818 型智能数字应变仪软件,在电脑上直接记录并保存其在加压过程中的变化。按压力传感器试验标定的应力-应变关系曲线进行应力换算,求出模型巷道深部围岩的应力值。

压力传感器埋设时基本要求如下：

① 传感器承压面朝着拟测定应力方向并与之垂直,同时必须安放平稳,保证传感器在测定过程中承压面不发生偏转;

② 标定传感器时,要求所采用的介质密度与传感器实际埋设处的材料介质密度尽可能一致;

③ 传感器之间的距离大于 $6R$ (R 为传感器半径)。

在模拟试验中压力传感器的埋设采用预埋,即模型铺设到压力传感器的设计高度时,正确放置传感器,同时保证传感器数据线能够正常引出。

（2）位移观测

在模拟巷道顶底板和两帮围岩表面和深部布置观测线,每条观测线的观测点距巷道表面分别为 0 m、1 m、2 m、3 m、4 m 和 5 m;利用全站仪全程观测模拟巷道在加载过程中顶底板和两帮围岩变形状态,为后期研究巷道围岩应力和围岩变形提供原始资料。观测点布置如图 6-11 所示。

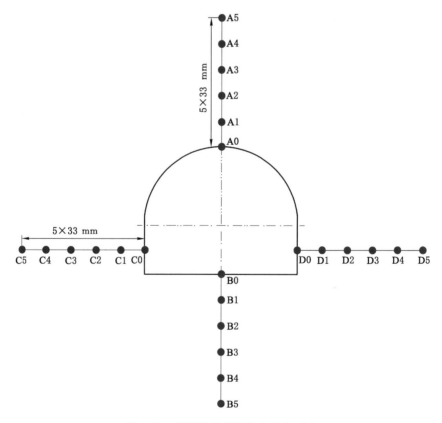

图 6-11 模型位移观测点布置立面图

6.3 相似材料模拟试验结果

6.3.1 巷道围岩变形和破坏特征

在支护方式 3 条件下,随着埋深的增加,模拟巷道围岩稳定和变形状态如图 6-12~图 6-16 所示。从图中可以看出,随着巷道埋深的增加,巷道围岩稳定,变形量较小,直到埋深达 1 200 m 时,巷道围岩仍处于稳定状态。之后,增大原岩应力的侧压系数,用来模拟构造应力场对深部巷道围岩变形和破坏的影响,侧压系数越大表明原岩构造应力越高。图 6-17~图 6-21 为模拟埋深 1 200 m、侧压系数不断增加时,巷道围岩稳定、变形和破坏特征。从图中可以看出,随着侧压系数的增加,深部巷道围岩变形和破坏程度逐渐显现;当侧压系数超过 2.0 后,巷道围岩变形和破坏程度将急剧增加,其中顶板和两帮变形、破坏尤为显著,主要表现在巷道沿着顶板和两帮的岩层层面开裂、滑移,岩层间发生剪切破坏后,出现倾斜裂隙和裂缝。但模拟的柔性锚网支护仍然完整、完好,巷道没有出现顶板垮落和底鼓现象。

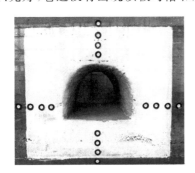 

图 6-12　埋深 400 m 时巷道围岩变形状况　图 6-13　埋深 600 m 时巷道围岩变形状况

图 6-14　埋深 800 m 时巷道围岩变形状况　图 6-15　埋深 1 000 m 时巷道围岩变形状况

图 6-16　埋深 1 200 m 时巷道围岩
变形状况

图 6-17　λ＝1.5 时巷道围岩稳定、
变形和破坏特征

图 6-18　λ＝1.75 时巷道围岩稳定、
变形和破坏特征

图 6-19　λ＝2.0 时巷道围岩变形
和破坏特征

图 6-20　λ＝2.5 时巷道围岩变形
和破坏特征

图 6-21　λ＝3.0 时巷道围岩变形
和破坏特征

6.3.2　巷道围岩应力分析

在支护方式 3 条件下,巷道围岩应力与围岩深度之间关系如图 6-22 所示。当埋深达到 1 200 m 时,巷道围岩应力与侧压系数之间关系如图 6-23 所示。

由图 6-22 可知,采用锚网喷注和卸压槽联合支护时,埋深对巷道两帮支承压力影响较大,随着埋深的增加,巷道两帮支承压力由浅部至深部围岩逐渐升高,支承压力峰值位于距巷帮 4.5 m 深度处。当埋深从 400 m、600 m、800 m、1 000 m 增加到 1 200 m 时,支承压力峰值分别为 1.32 MPa、1.54 MPa、1.86 MPa、2.28 MPa 和 2.68 MPa,即随着埋深的增加,支承压力峰值也逐渐增大,且增长速度逐渐加快,因此埋深增加导致了巷道两帮变形量增加。巷道顶底板垂直应力随着埋深的增加也逐渐增大,但顶底板围岩 3 m 范围内垂直应力增长速度较大,超过 3 m 范围的深部围岩垂直应力增长速度较小。

由图 6-23 可知,当埋深达到 1 200 m 时,巷道顶底板和两帮围岩垂直应力分布特征呈现一致性,即随着围岩侧压系数的增大,巷道围岩垂直应力先增大后减小;侧压系数越大,深度相同的巷道围岩垂直应力越高。巷道两帮支承压力峰值随着侧压系数的增大而增加,两者成正相关关系。

此外,随着埋深的增加和深部巷道侧压系数的增大,围岩变形和破坏严重的区域依次为巷道的顶板、两帮和底板。由于底板卸压槽的存在,将浅部围岩的高应力传递到深部围岩中,在一定程度上阻断了高应力的传递,巷道围岩特别是底板围岩应力较低,且卸压槽填充以后底板岩层的强度升高,所以深部巷道在高构造应力区内,在锚注+卸压槽联合支护条件下,巷道底鼓不明显或者底鼓量较小。

6.3.3　巷道围岩变形分析

在支护方式 3 条件下,不同埋深的巷道围岩变形移动曲线如图 6-24 所示。当埋深达到 1 200 m 时,随着侧压系数的变化,巷道围岩变形移动曲线如图 6-25 所示。

由图 6-24 和图 6-25 可知,在支护方式 3 条件下,随着埋深的增加,巷道顶底板和两帮移近量增大;当埋深小于 800 m 时,顶底板移近量小于两帮移近量;当埋深大于 800 m 时,顶底板移近量大于两帮移近量,说明埋深较大时,巷道底鼓现象严重。当埋深达到 1 200 m 时,随着侧压系数的增大,巷道顶底板和两帮移近量逐渐增加,且顶底板移近量始终大于两帮移近量,说明深部巷道底鼓受构造应力影响较明显。

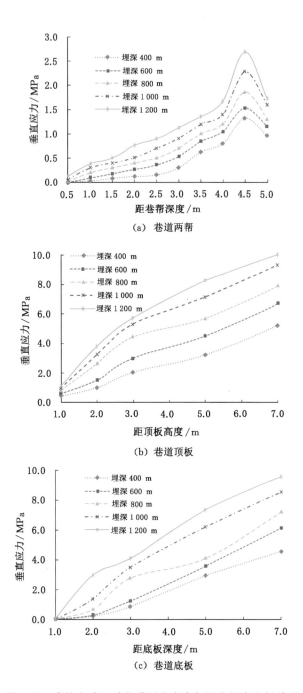

(a) 巷道两帮

(b) 巷道顶板

(c) 巷道底板

图 6-22 支护方式 3 时巷道围岩应力与围岩深度之间关系

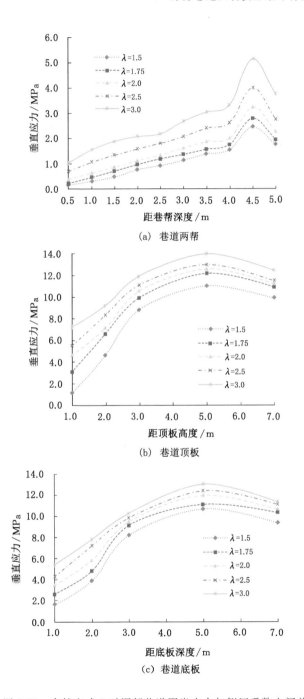

(a) 巷道两帮

(b) 巷道顶板

(c) 巷道底板

图 6-23 支护方式 3 时深部巷道围岩应力与侧压系数之间关系

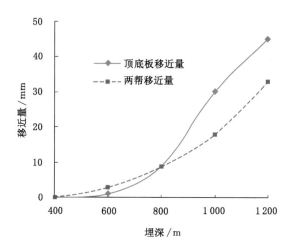

图 6-24　支护方式 3 时巷道围岩移近量与埋深之间关系

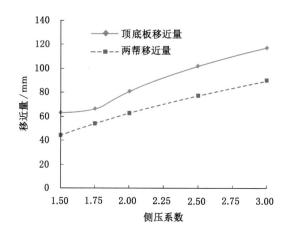

图 6-25　支护方式 3 时深部巷道围岩移近量与侧压系数之间关系

6.4　相似材料模拟试验结果讨论

在上述支护方式 3 条件下进行的相似材料模拟试验的基础上,通过改变支护参数包括有无卸压槽、有无围岩注浆等,重复进行模拟试验,研究中平施工法支护主要参数对深部巷道变形和破坏特征的影响。

6.4.1 卸压槽对巷道围岩稳定性的影响分析

在支护方式 3 条件下进行的相似材料模拟试验的基础上,采用支护方式 2 进行模拟试验,即巷道掘出后采用锚网喷注支护但不布置卸压槽,对比分析卸压槽对巷道围岩稳定性的影响。制作的模型如图 6-26 所示。

图 6-26　支护方式 2 试验模型(锚网喷注支护无卸压槽)

(1) 有、无卸压槽时巷道围岩变形和破坏特征对比分析

图 6-27(a)～(e)所示为不同埋深条件下,锚网喷注支护和有、无卸压槽时巷道围岩变形和破坏特征对照图,其中左侧图为巷道采用锚网喷注支护有卸压槽的支护方式 3,右侧图为巷道采用锚网喷注支护但无卸压槽的支护方式 2。

由图 6-27(f)～(j)可以看出,当埋深达到 1 200 m 时,有卸压槽的深部巷道围岩变形不明显,但无卸压槽的深部巷道出现明显底鼓现象;随着侧压系数的增大,无卸压槽的巷道底鼓现象越来越严重,而有卸压槽的巷道在较高的构造应力作用下底鼓仍不明显,这充分说明了底板卸压槽能够有效控制巷道底鼓。

 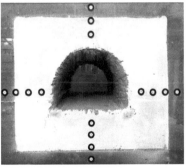

(a) 埋深 400 m

图 6-27　有、无卸压槽时巷道围岩变形和破坏特征对照图

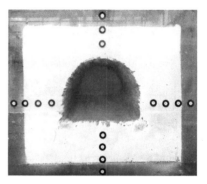

(b) 埋深 600 m

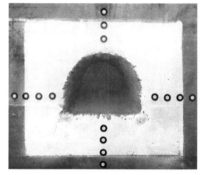

(c) 埋深 800 m

(d) 埋深 1 000 m

图 6-27(续)

(e)　埋深 1 200 m

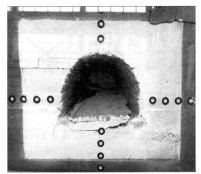

(f)　λ=1.5

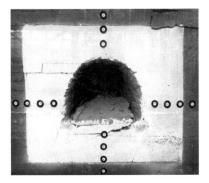

(g)　λ=1.75

图 6-27(续)

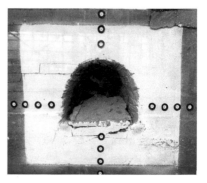

(h) $\lambda = 2.0$

(i) $\lambda = 2.5$

(j) $\lambda = 3.0$

图 6-27(续)

（2）有、无卸压槽时巷道围岩应力对比分析

图 6-28 所示为支护方式 2 时巷道围岩应力与围岩深度之间关系。图 6-29 所示为支护方式 2 时埋深 1 200 m 的深部巷道围岩应力与侧压系数之间关系。

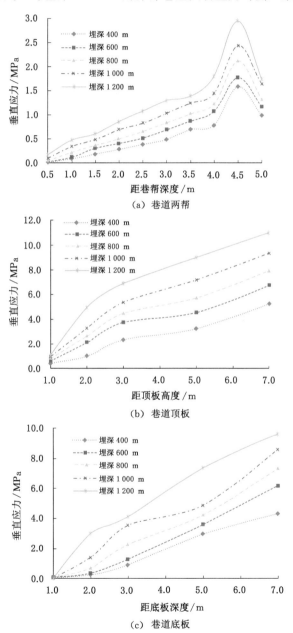

（a）巷道两帮

（b）巷道顶板

（c）巷道底板

图 6-28 支护方式 2 时巷道围岩应力与围岩深度之间关系

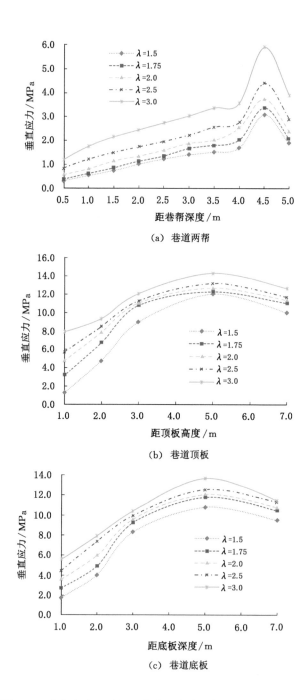

（a）巷道两帮

（b）巷道顶板

（c）巷道底板

图 6-29　支护方式 2 时深部巷道围岩应力与侧压系数之间关系

由图 6-28 可知,无卸压槽时,随着埋深的增加,巷道两帮支承压力由浅部至深部逐渐升高,距巷帮 4.5 m 深处达到压力峰值;当埋深从 400 m、600 m、800 m、1 000 m 增加至 1 200 m 时,支承压力峰值分别为 1.58 MPa、1.77 MPa、2.12 MPa、2.44 MPa 和 2.95 MPa,即随着埋深的增加,支承压力峰值逐渐增大。与有卸压槽相比,同一埋深条件下无卸压槽锚网喷注支护时巷道两帮支承压力较大,当埋深从 400 m、600 m、800 m、1 000 m 增加至 1 200 m 时,支承压力峰值分别增加 19.7%、14.9%、14.0%、7.0% 和 10.1%。随着埋深的增加,巷道顶底板围岩垂直应力也逐渐增大。

由图 6-29 可知,无卸压槽时,随着原岩应力侧压系数增大,埋深 1 200 m 的深部巷道两帮和顶底板围岩垂直应力先增加后减小呈波形变化,但巷道两帮支承压力与侧压系数呈正相关关系。

(3)有、无卸压槽时巷道围岩变形对比分析

在支护方式 2 条件下,巷道围岩移近量与埋深之间关系如图 6-30 所示。当埋深达到 1 200 m 时,深部巷道围岩移近量与侧压系数之间关系如图 6-31 所示。

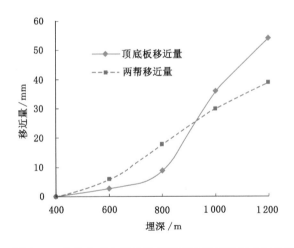

图 6-30 支护方式 2 时巷道围岩移近量与埋深之间关系

由图 6-30 和图 6-31 可知,在支护方式 2 条件下,随着埋深的增加,巷道顶底板和两帮移近量增大;当埋深小于 930 m 时,顶底板移近量小于两帮移近量;当埋深大于 930 m 时,顶底板移近量大于两帮移近量,说明埋深较大时,巷道底鼓现象严重。当埋深达到 1 200 m 时,随着围岩侧压系数增大,巷道顶底板和两帮移近量逐渐增加,且顶底板移近量始终大于两帮移近量,说明深部巷道底鼓受构造应力影响较大。与有卸压槽的支护方式 3 相比,采用无卸压槽的支护方

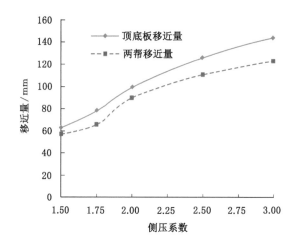

图 6-31 支护方式 2 时深部巷道围岩移近量与侧压系数之间关系

式 2 时巷道两帮移近量有所增大,但顶底板移近量基本保持不变。

6.4.2 注浆对巷道围岩稳定性的影响分析

在支护方式 3 和支护方式 2 条件下进行的相似材料模拟试验的基础上,采用支护方式 1 进行模拟试验,即巷道掘出后进行锚网喷支护,但巷道围岩无注浆、底板无卸压槽。将支护方式 1 模拟试验结果与支护方式 2 模拟试验结果进行对比,分析围岩注浆对巷道围岩稳定性的影响。制作的模型如图 6-32 所示。

图 6-32 支护方式 1 试验模型(锚网喷支护无注浆)

(1) 有、无注浆巷道围岩变形和破坏特征对比分析

图 6-33 所示为有、无注浆支护时巷道围岩变形和破坏特征对照图,其中左侧图为巷道采用锚网喷注浆支护,右侧图为锚网喷支护但围岩未注浆。

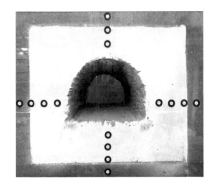

(a) 埋深 400 m

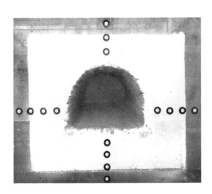

(b) 埋深 600 m

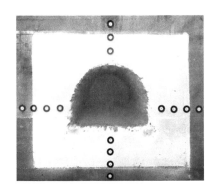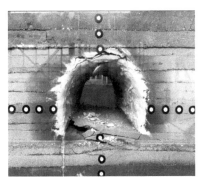

(c) 埋深 800 m

图 6-33　有、无注浆时巷道围岩变形和破坏特征对照图

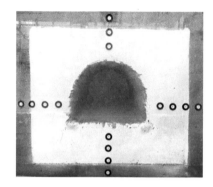

(d) 埋深1 000 m

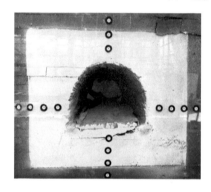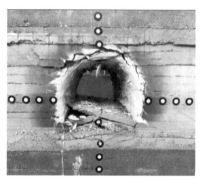

(e) 埋深1 200 m

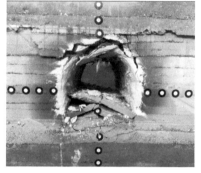

(f) $\lambda = 1.5$

图 6-33(续)

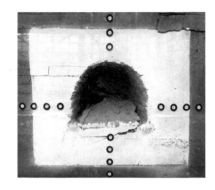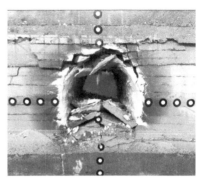

（g）λ=1.75

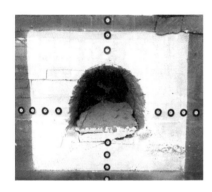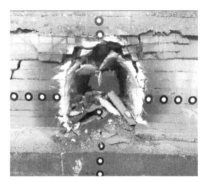

（h）λ=2.0

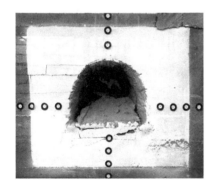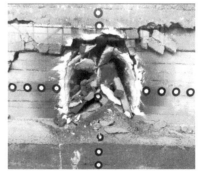

（i）λ=2.5

图 6-33（续）

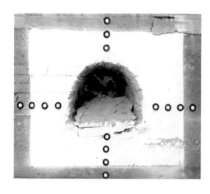

(j) $\lambda = 3.0$

图 6-33(续)

由图 6-33 可以看出,无注浆支护时,当巷道埋深达到 600 m 时,巷道底板出现微裂缝;当巷道埋深达到 800 m 时,巷道出现明显底鼓且顶板开始出现裂缝;随着埋深继续增加,巷道围岩变形和破坏程度将越来越严重。当埋深达 1 200 m 时,随着围岩侧压系数的增大,注浆巷道虽然底鼓较明显,但顶板和两帮变形量较小,其围岩基本处于完整状态;而未注浆巷道顶板和两帮均出现严重的裂缝、支护体开裂,且底鼓严重,巷道已处于明显失修状态。围岩注浆与不注浆的锚网喷支护对比模拟试验结果表明,围岩注浆对巷道围岩的加固作用有利于巷道围岩的整体稳定。

(2) 有、无注浆巷道围岩应力对比分析

图 6-34 所示为支护方式 1 时巷道围岩应力与围岩深度之间关系。图 6-35 所示为支护方式 1 时埋深 1 200 m 的深部巷道围岩应力与侧压系数之间关系。

由图 6-34 可知,无注浆支护时,随着埋深的增加,巷道两帮支承压力由浅部至深部逐渐升高,到距巷帮 4.5 m 深处达到峰值;当埋深从 400 m、600 m、800 m、1 000 m 增加至 1 200 m 时,支承压力峰值分别为 1.85 MPa、2.02 MPa、2.46 MPa、2.79 MPa 和 3.28 MPa,支承压力峰值随着埋深的增大而增加;与有注浆支护相比,同一埋深条件下无注浆时两帮支承压力峰值较大,当埋深从 400 m、600 m、800 m、1 000 m 增加至 1 200 m 时,支承压力峰值分别增加 17.1%、14.1%、16.0%、14.3% 和 11.2%。此外,随着埋深的增大,顶底板围岩垂直应力也逐渐增加。

由图 6-35 可知,无注浆支护时,埋深 1 200 m 的深部巷道,随着侧压系数的增大,其两帮和顶底板围岩垂直应力逐渐增加。不同侧压系数时,巷道两帮

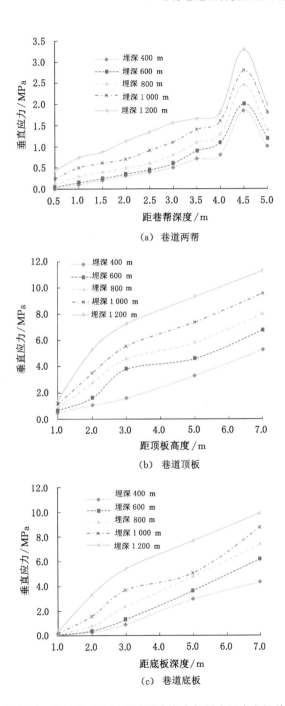

(a) 巷道两帮

(b) 巷道顶板

(c) 巷道底板

图 6-34　支护方式 1 时巷道围岩应力与围岩深度之间关系

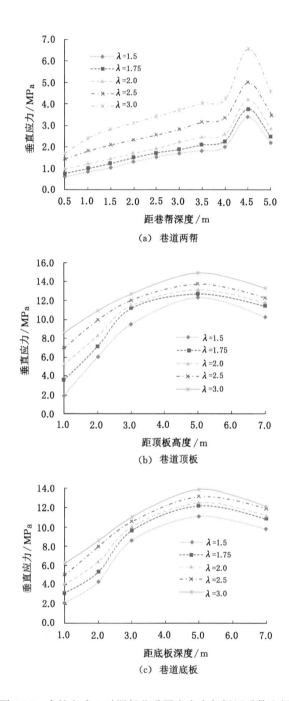

（a）巷道两帮

（b）巷道顶板

（c）巷道底板

图 6-35 支护方式 1 时深部巷道围岩应力与侧压系数之间关系

支承压力分布规律一致,支承压力峰值随着侧压系数的增大而增加,且与注浆支护相比支承压力峰值有所增加。

（3）有、无注浆巷道围岩变形对比分析

在支护方式1条件下,巷道围岩移近量与埋深之间关系如图6-36所示。当埋深达到1 200 m时,深部巷道围岩移近量与侧压系数之间关系如图6-37所示。

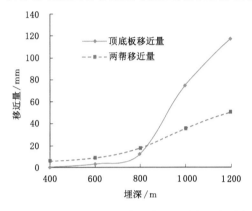

图 6-36　支护方式1时巷道围岩移近量与埋深之间关系

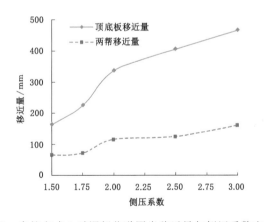

图 6-37　支护方式1时深部巷道围岩移近量与侧压系数之间关系

由图6-36和图6-37可知,在支护方式1条件下,随着埋深的增大,巷道顶底板和两帮移近量增大;当埋深小于840 m时,顶底板移近量小于两帮移近量;当埋深大于840 m时,顶底板移近量大于两帮移近量,说明埋深较大时,巷道底鼓现象严重。当埋深达到1 200 m时,随着围岩侧压系数增大,巷道顶底板和两帮移近量逐渐增加,顶底板移近量始终大于两帮移近量,且顶底板移近量增长速度较大,说明深部巷道底鼓受侧压系数影响较大。与有注浆支护的支护方式2相比,采用无注浆支护的支护方式1时巷道两帮移近量与顶底板移近量均有所增加。

6.4.3 不同支护方式的支护效果分析

（1）巷道围岩应力对比分析

在以上三种支护方式条件下,巷道两帮支承压力峰值与埋深之间关系如图6-38所示,深部巷道两帮支承压力峰值与侧压系数之间关系如图6-39所示。

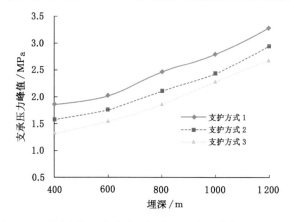

图 6-38　不同支护方式巷道两帮支承压力峰值与埋深之间关系

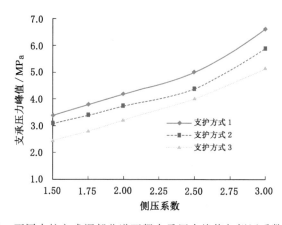

图 6-39　不同支护方式深部巷道两帮支承压力峰值与侧压系数之间关系

由图6-38可知,在不同支护方式条件下,随着埋深的增加,巷道两帮支承压力峰值均增大。埋深达到1 200 m时,支护方式1、2和3的支承压力峰值分别为3.28 MPa、2.95 MPa和2.68 MPa。随着埋深的增加,支护方式3较支护方式2的支承压力峰值平均减小11.5%,支护方式2较支护方式1的支承压力峰值平均减小 12.7％。由图 6-39 可知，在不同支护方式条件下，随着侧压系数的增大，巷道两帮支承压力峰值增大。当 $\lambda=3.0$ 时，支护方式 1、2 和 3 的支承压力峰值分别为 6.6 MPa、5.9 MPa 和 5.14 MPa；随着侧压系数的增大，支护方式 3 较支护方式 2 的支承压力峰值平均减小 14.8％，支护方式 2 较支护方式 1 的支承压力峰值平均减小 13.6％。巷道两帮支承压力峰值的降低有利于深部巷道围岩的长期稳定。因此，巷道采用钢丝绳网＋锚注＋底板卸压槽联合支护方式，降低了巷道围岩支承压力峰值，有利于控制巷道围岩，保持围岩长期稳定性。

（2）巷道围岩变形对比分析

在以上三种支护方式条件下，巷道围岩移近量与埋深之间关系如图 6-40 所示，深部巷道围岩移近量与侧压系数之间关系如图 6-41 所示。

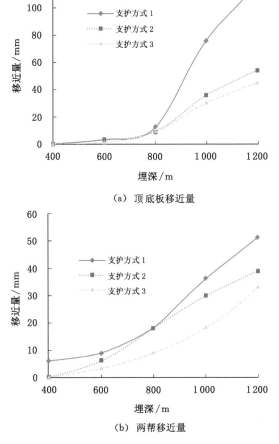

（a）顶底板移近量

（b）两帮移近量

图 6-40　不同支护方式巷道围岩移近量与埋深之间关系

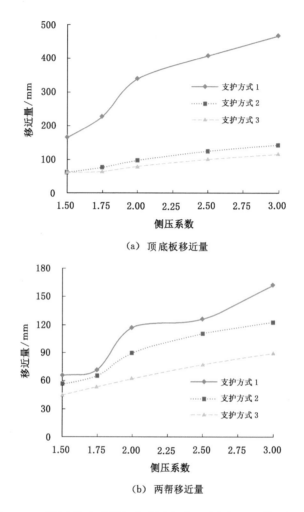

（a）顶底板移近量

（b）两帮移近量

图 6-41　不同支护方式深部巷道围岩移近量与侧压系数之间关系

由图 6-40 可知,在不同支护方式条件下,随着埋深增加,巷道围岩移近量增大。当埋深达到 1 200 m 时,支护方式 1、2 和 3 的巷道顶底板移近量分别为 117 mm、54 mm 和 45 mm,两帮移近量分别为 51 mm、39 mm 和 33 mm。当巷道埋深一定时,支护方式 3 的围岩移近量最小,支护方式 1 的围岩移近量最大,且顶底板移近量大于两帮移近量。当埋深小于 800 m 时,三种支护方式的巷道顶底板移近量基本保持不变;但当埋深超过 800 m 后,三种支护方式条件下顶底板移近量开始逐渐增加,且增加速度不一致,其中支护方式 1 增加速度最快,支护方式 2 与支护方式 3 增加速度相差不大。随着埋深的增大,三种支护方式的巷道两帮移近量均逐渐增加,其中支护方式 3 的两帮移近量增加速度较稳定,支护方式 2 的增加速度由快变慢,支护方式 1 的增加速度由慢变快。

由图 6-41 可知,在不同支护方式条件下,随着侧压系数的增大,埋深一定的深部巷道围岩移近量均逐渐增大。当 $\lambda = 3.0$ 时,支护方式 1、2 和 3 的巷道顶底板移近量分别为 468 mm、144 mm 和 117 mm;两帮移近量分别为 162 mm、123 mm 和 90 mm。当侧压系数一定时,支护方式 3 的围岩移近量最小,支护方式 1 的围岩移近量最大;随着侧压系数的增大,支护方式 1 的顶底板移近量迅速增加,但支护方式 2 与支护方式 3 的顶底板移近量增加缓慢,两者相差较小。由此可见,深部巷道采用围岩注浆支护时,围岩强度提高;采用围岩注浆和卸压槽支护时,围岩强度提高的同时支承压力峰值降低,有利于深部巷道的长期稳定。因此,上述现象进一步表明深部巷道在高构造应力条件下,与支护方式 1 相比,支护方式 3 较优,支护方式 2 较差。

6.5　小结

本章针对平煤一矿三水平下延戊一采区回风上山工程地质条件,通过相似材料模拟试验研究了三种支护方式:支护方式 1 为模拟锚网喷支护且底板无卸压槽,支护方式 2 为模拟锚网喷注支护且底板无卸压槽,支护方式 3 为模拟锚网喷注支护且底板有卸压槽。研究在埋深为 400～1 200 m、侧压系数为 1.5～3.0 条件下巷道围岩稳定、变形移动和破坏特征,对比分析了底板卸压槽、围岩注浆对深部巷道围岩应力、围岩位移以及变形破坏的影响,得到了以下研究结论:

(1) 在支护方式 3 条件下,随着埋深的增加,巷道围岩变形量较小,直到埋深 1 200 m 时,巷道围岩仍处于稳定状态。当埋深达 1 200 m 时,随着围岩构造应力的增加,深部巷道围岩变形和破坏程度逐渐明显;当侧压系数超过 2.0 后,围岩变形和破坏程度急剧增加,其中顶板和两帮变形破坏尤为显著,主要表现为巷道沿着顶板和两帮岩层层面开裂、滑移,岩层间发生剪切破坏后,出现倾斜裂隙和裂缝。但锚网喷支护仍然完整,巷道没有出现顶板垮落和底鼓现象。

(2) 在支护方式 3 条件下,随着埋深的增加,巷道两帮支承压力由浅部至深部逐渐升高。当埋深从 400 m 增加到 1 200 m 时,支承压力峰值由 1.32 MPa 增大到 2.68 MPa,即随着埋深的增加,支承压力峰值也逐渐增大,且增长速度逐渐加快。此外,随着埋深的增加,巷道顶底板垂直应力逐渐增加。

当埋深达到 1 200 m 时,巷道顶底板和两帮围岩垂直应力分布特征呈现一致性,即随着原岩应力侧压系数的增大,巷道围岩垂直应力先增大后减小呈波形变化。但随着侧压系数的增大,埋深一定的深部巷道两帮支承压力峰值增加,两者呈正相关关系。

(3) 在支护方式 3 条件下,随着埋深的增加,巷道顶底板和两帮移近量增大;当埋深小于 800 m 时,顶底板移近量小于两帮移近量;当埋深大于 800 m 时,顶底板移近量大于两帮移近量,说明埋深较大时,巷道底鼓现象严重。当埋深达到 1 200 m 时,随着侧压系数的增大,巷道顶底板和两帮移近量逐渐增加,且顶底板移近量始终大于两帮移近量,说明深部巷道底鼓受构造应力影响较大。

(4) 随着埋深的增加和深部巷道侧压系数的增大,围岩变形和破坏严重的区域依次为巷道的顶板、两帮和底板。由于底板卸压槽的存在,将浅部围岩的高应力传递到深部围岩中,在一定程度上阻断了高应力的转移,巷道围岩特别是底板围岩应力较低,且卸压槽充填以后底板岩层强度升高,所以深部巷道在高构造应力区内,巷道底鼓不明显或者底鼓量较小。

(5) 当埋深达到 1 200 m 时,有卸压槽的深部巷道围岩变形不明显,但无卸压槽的深部巷道出现明显底鼓现象;随着侧压系数的增大,无卸压槽的巷道底鼓现象越来越严重,而有卸压槽的巷道在较高的构造应力作用下底鼓仍不明显,这充分说明了底板卸压槽能够有效控制巷道底鼓。

(6) 无卸压槽时,随着埋深的增加,巷道两帮支承压力由浅部至深部逐渐升高。当埋深从 400 m 增加至 1 200 m 时,支承压力峰值由 1.58 MPa 增加至 2.95 MPa,即随着埋深的增加,支承压力峰值也逐渐增大。与有卸压槽相比,同一埋深条件下无卸压槽锚网喷注支护时巷道两帮支承压力较大。随着埋深的增加,顶底板垂直应力也逐渐增大。无卸压槽时,埋深 1 200 m 的深部巷道,随着原岩应力侧压系数增大,巷道两帮和顶底板垂直应力先增加后减小呈波形变化,但巷道两帮支承压力与侧压系数呈正相关关系。

(7) 在支护方式 2 条件下,随着埋深的增加,巷道顶底板和两帮移近量增大;当埋深小于 930 m 时,巷道顶底板移近量小于两帮移近量;当埋深大于 930 m 时,顶底板移近量大于两帮移近量,说明埋深较大时,巷道底鼓现象严重。埋深 1 200 m 的深部巷道,随着围岩侧压系数增大,其顶底板和两帮移近量逐渐增加,且顶底板移近量始终大于两帮移近量,说明底鼓受侧压系数影响较大。

(8) 在支护方式 1 条件下,当埋深达到 600 m 时,巷道底板出现微裂缝;当埋深达到 800 m 时,巷道出现明显底鼓和顶板开始出现裂缝现象;随着埋深继续增加,巷道围岩变形和破坏程度越来越严重。埋深 1 200 m 的深部巷道,随着侧压系数的增大,未注浆巷道顶板和两帮均出现严重的裂缝、支护体开裂,且底鼓严重,巷道已处于明显失修状态。而注浆巷道虽然底鼓较明显,但顶板和两帮变形量较小,其围岩基本处于完整状态,说明围岩注浆对巷道围岩的加固作用有利于巷道围岩的整体稳定。

(9) 在支护方式 1 条件下,随着埋深的增加,巷道两帮支承压力由浅部至深部围岩逐渐升高,支承压力峰值随着埋深的增加而增大。与有注浆支护相比,同一埋深条件下无注浆支护时巷道两帮支承压力峰值较大;随着埋深的增加,顶底板垂直应力也逐渐增加。无注浆支护时,埋深 1 200 m 的深部巷道,随着侧压系数的增大,其两帮和顶底板垂直应力逐渐增加。巷道两帮支承压力峰值随着侧压系数的增大而增加,且与注浆支护相比支承压力峰值有所增加。

(10) 在支护方式 1 条件下,随着埋深的增加,巷道顶底板和两帮移近量增大。当埋深小于 840 m 时,顶底板移近量小于两帮移近量;当埋深大于840 m 时,顶底板移近量大于两帮移近量,说明埋深较大时,底鼓现象严重。随着围岩侧压系数的增大,巷道顶底板和两帮移近量逐渐增加,顶底板移近量始终大于两帮移近量,且顶底板移近量增长速度较大,说明深部巷道底鼓受侧压系数影响较大。

7 深部巷道围岩变形机理

7.1 深部巷道支护作用

  深部巷道开挖前、后围岩处于两种不同的应力状态,即原岩应力状态和扰动应力状态,开挖后巷道围岩原岩应力重新分布,使得巷道最大主应力(如切向应力)高于原岩应力,而最小主应力(如径向应力)却相对原岩应力有所降低,巷道周边围岩将产生较大的应力差。当应力差未达到岩体破坏强度时,巷道围岩仍处于弹性平衡的稳定状态;而当应力差达到或者超过岩体破坏强度时,巷道围岩产生塑性变形或剪切错动而形成破裂区(松动区或松动圈)与塑性区,围岩的应力峰值点逐渐转移到巷道深部围岩,直到形成新的应力平衡。深部圆形巷道围岩变形力学模型和弹塑性分区如图 7-1 所示。

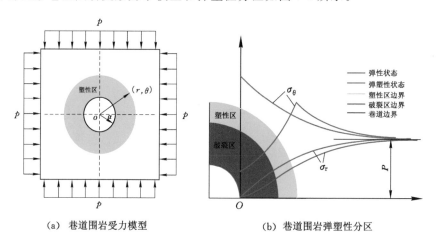

    (a) 巷道围岩受力模型   (b) 巷道围岩弹塑性分区

图 7-1 深部圆形巷道围岩变形力学模型和弹塑性分区

  当侧压系数等于 1 的双向等压条件下的巷道围岩处于弹性状态时,围岩应力为:

$$\sigma_\theta = p\left(1 + \frac{a^2}{r^2}\right)$$

$$\sigma_r = p\left(1 - \frac{a^2}{r^2}\right)$$

(7-1)

巷道围岩处于弹塑性状态时,弹塑性边界处应力为:

$$\sigma_\theta = p\left(1 + \frac{a^2}{r^2}\right) - \frac{R_P^2}{r^2}\left[p(1 - \sin\varphi) - c\cos\varphi\right]$$

$$\sigma_r = p\left(1 - \frac{a^2}{r^2}\right) + \frac{R_P^2}{r^2}\left[p(1 - \sin\varphi) - c\cos\varphi\right]$$

(7-2)

式中,σ_θ 为切向应力;σ_r 为径向应力;p 为原岩应力;a 为巷道半径;r 为围岩中任意点半径;R_P 为塑性区半径;c、φ 分别为围岩的黏聚力和内摩擦角。

通过巷道围岩的弹塑性状态与弹性状态的应力分布的对比可知,公式 (7-2) 右边前半部分 $p\left(1 \pm \frac{a^2}{r^2}\right)$ 相当于巷道半径为 R_P 的弹性应力状态;而后半部分 $\frac{R_P^2}{r^2}\left[p(1 - \sin\varphi) - c\cos\varphi\right]$ 则是由于塑性区的存在而产生的应力变化。

正是由于塑性区的存在,导致围岩出现最小主应力增大,而最大主应力减小,莫尔应力圆半径变小使岩体不容易发生破坏,因此塑性区对弹性区起到了支护的作用。假如将塑性区岩石取出,巷道半径变为 R_P,应力圆将再一次增大,重新产生新的塑性区,如图 7-2 中莫尔圆 1 与莫尔圆 2。因此,通过支护塑性区内岩体防止发生松动和垮落而间接增大了巷道半径的途径,能有效改善塑性区外围岩的应力状态,有利于巷道围岩的长期稳定。

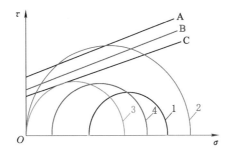

A—巷道开挖前岩体强度包络线;B—支护后岩体强度包络线;

C—开挖后支护前岩体强度包络线;

1—开挖前岩体应力圆;2—开挖瞬间岩体应力圆;

3—应力调整后岩体应力圆;4—支护后岩体应力圆。

图 7-2 深部巷道开挖后和支护后围岩应力状态的变化过程

由围岩的极限平衡条件可知:

$$\sigma_1 = \sigma_3 \frac{1+\sin\varphi}{1-\sin\varphi} + 2c\frac{\cos\varphi}{1-\sin\varphi} \qquad (7\text{-}3)$$

式中,σ_1 和 σ_3 分别表示处于极限平衡状态时围岩的最大和最小主应力;其他参数同前。

深部巷道通常采用锚网喷支护(有时简称锚喷支护)。在破裂区,式(7-3)中切向应力为最大主应力,锚杆支护阻力为最小主应力。深部巷道围岩应力高,黏聚力 c 值较小。巷道开挖后,围岩出现损伤和软化。当围岩发生变形、破坏后,内摩擦角 φ 值降低,主要是黏聚力 c 值降低,而巷道周边破裂区围岩无围压,c 值基本降为零,因此需要施加支护阻力才能够保持围岩的稳定。由式(7-3)可知,增加支护阻力则最大主应力值增大,莫尔圆整体右移而变得远离岩体强度包络线,如图 7-2 中由莫尔圆 3 变成了莫尔圆 4;同时,增加支护阻力能改善围岩不连续面的强度和变形模量等力学参数,可在一定程度上提高破裂岩体的黏聚力与内摩擦角,有利于围岩的长期稳定。

事实上,深部巷道围岩原岩应力与其所处埋深有关,巷道原岩应力能达到数十兆帕。受锚杆材料极限强度及施工技术的限制,目前锚杆支护阻力不足 10 MPa,远小于巷道围岩原岩应力,通常两者相差一个数量级;而锚网喷支护阻力与巷道浅部破裂围岩的残余强度基本处于同一数量级。锚网喷支护难以改变巷道围岩应力场的演化过程,锚网喷支护阻力对巷道围岩破裂区、塑性区的改变有限,对控制完整岩体连续变形的作用较小,但对抑制峰后区破碎围岩的离层、剪胀等非连续变形作用较大。因此,深部巷道支护的对象主要是破裂区围岩沿剪切面错动导致的剪胀变形。由于破裂区岩体剪胀变形量与破裂区围岩体积呈正相关关系,所以控制围岩的变形主要是控制破裂区范围的扩大,从而控制破裂区围岩的剪胀变形。

7.2 深部巷道围岩有效载荷系数

在常规的非封闭支护方式条件下,深部巷道围岩变形、破裂区(松动圈)范围主要决定于围岩应力与围岩岩性,巷道围岩松动圈大小、变形速度和变形量大小,均随着围岩应力与围岩强度比值的不同而发生变化。大量的深部巷道矿压显现观测结果表明,在目前非封闭的锚网喷支护条件下,深部巷道围岩稳定与变形状态是围岩应力与围岩强度相互作用的结果。

基于煤系地层以层状煤岩层为主,通常原岩应力以自重应力为主、构造应力为辅的地质力学环境条件,从有利于煤矿现场测试、数值计算以及工程应用的角度出发,引用围岩有效载荷系数来反映不同埋深、不同岩性和不同采动条件下,巷道围岩的稳定性、围岩松动圈的大小以及围岩变形的特性。巷道围岩有效载荷系数用下式表示:

$$C = K\gamma H/\sigma_C \qquad (7\text{-}4)$$

式中 C——巷道围岩有效载荷系数;

   K——巷道围岩应力集中系数;在以自重应力为主的原岩应力作用下, K 为巷道周边应力集中系数,取 1.3;当采动影响时, K 为支承压力在巷道围岩引起的应力集中系数;

   γ——上覆岩层平均容重,MN/m^3;

   H——巷道埋深,m;

   σ_C——巷道围岩单轴抗压强度,MPa。

当巷道两帮和底板围岩为单一岩性的岩层时,σ_C 取围岩岩石平均单轴抗压强度。当巷道两帮和底板围岩为非均质、多层岩性的层状岩层时,将巷道高度内的两帮岩层和 1 倍高度深的底板岩层作为巷道围岩,计算出该范围内巷道两帮和底板岩石的厚度加权平均单轴抗压强度值,该值称为层状岩层巷道围岩单轴抗压强度。

7.3   深部巷道围岩变形和稳定性分类

7.3.1   巷道围岩松动圈与有效载荷系数之间关系

根据平顶山矿区深部煤矿和开滦矿区赵各庄煤矿等矿对不同埋深、不同岩性的原岩巷道围岩松动圈厚度现场实测结果,总结出深部巷道围岩松动圈厚度 L_p 与有效载荷系数 C 之间关系,如图 7-3 所示。在深部巷道常规的无底板注浆加固、非封闭支护条件下,对于不同埋深和不同岩性的原岩巷道,当巷道埋深达到一定深度,巷道围岩应力大于围岩长时强度时,即围岩有效载荷系数等于 0.45 时,巷道围岩开始出现松动圈。随着巷道埋深的进一步增加,围岩松动圈厚度逐渐增大;在巷道埋深一定的条件下,随着巷道围岩强度的降低,围岩松动圈厚度增大,所以深部巷道围岩松动圈厚度与巷道埋深呈正相关关系,而与围岩强度呈负相关关系。通过回归分析可以得出,在原岩应力作用下巷道围岩松动圈厚度与有效载荷系数之间呈抛物线关系:

$$L_p = 1.315 \times \sqrt{C - 0.451} \qquad (7\text{-}5)$$

式中 L_p——巷道围岩松动圈厚度,m;

   C——巷道围岩有效载荷系数。

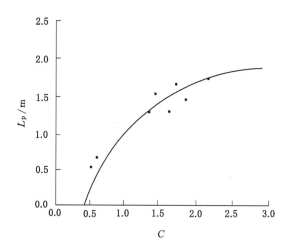

图 7-3　巷道围岩松动圈厚度 L_p 与有效载荷系数 C 之间关系

　　山东能源新矿集团孙村煤矿核定生产能力 140 万 t/a,开采深度达到 1 350 m,是目前我国采深最深的煤矿。根据孙村煤矿在原岩应力或煤柱固定支承压力作用下,不同水平和不同岩性的料石砌碹、锚网喷和 U 型钢可缩性金属支架等传统支护时开拓巷道围岩变形观测资料,结合平煤一矿、四矿、五矿、八矿和十矿等矿井的开拓巷道和采准巷道围岩变形现场实测结果,回归分析得出深部巷道稳定围岩变形移近速度与围岩有效载荷系数之间关系,如图 7-4 所示。对深部巷道围岩变形实测结果分析表明,当围岩有效载荷系数 $C \leqslant 0.45$ 时,巷道顶底板移近速度或两帮移近速度等于或者趋于零,巷道围岩将长期处于稳定状态;当围岩有效载荷系数 $C > 0.45$ 时,巷道围岩开始出现流变,且随着有效载荷系数的增大,巷道围岩变形移近速度逐渐递增。对于目前平顶山矿区各煤矿、新矿集团孙村煤矿等深部开采煤矿,在锚网喷支护、U 型钢可缩性金属支架及外锚内架等传统深部支护的岩石巷道,当围岩有效载荷系数一定时,巷道围岩移近速度在某一区间内波动变化,巷道围岩平均移近速度与有效载荷系数之间呈线性正相关关系:

$$V = 0.79C - 0.36 \tag{7-6}$$

式中　V——巷道围岩平均移近速度,mm/d。

7.3.2　巷道围岩稳定性分类与有效载荷系数之间关系

　　深部巷道围岩稳定性分类的目的是为巷道支护设计、施工与管理提供依据。目前巷道围岩稳定性分类方法较多,平顶山矿区主要采用巷道围岩稳定性指数(即围岩有效载荷系数)、模糊聚类分析以及依据围岩松动圈范围和巷

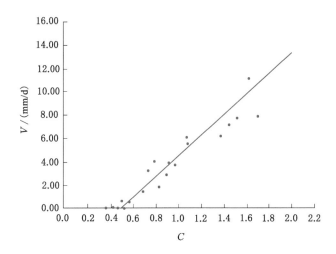

图 7-4 巷道围岩移近速度 V 与有效载荷系数 C 之间关系

道开挖后围岩变形量等对巷道围岩稳定性进行分类。

结合平顶山矿区开拓巷道和采准巷道围岩地质构造和岩性特征,采用围岩有效载荷系数对平顶山矿区巷道围岩稳定性进行分类,可将巷道围岩稳定性划分为稳定、中等稳定、不稳定和极不稳定 4 种类型,提出了相应的巷道支护方式,如表 7-1 所示。

表 7-1 巷道围岩稳定性分类表

围岩有效载荷系数 C	巷道围岩稳定性	支护方式
≤0.25	稳定	喷射混凝土支护
>0.25～0.4	中等稳定	锚网喷支护
>0.4～0.55	不稳定	锚网喷注支护
>0.55	极不稳定	锚网喷注和底板卸压槽联合支护

为了减少深部巷道围岩移近量,保持围岩的长期稳定,降低围岩有效载荷系数是最直接有效方法,具体措施包括以下几点:

(1) 布置深部巷道时优先选择岩性好的层位,或者注浆加固围岩,特别是加固巷道底板,提高围岩岩石抗压强度。

(2) 降低深部巷道围岩应力集中系数。对于煤矿的开拓巷道和采准巷道,目前通过巷道顶板或者底板大面积卸压措施以及巷道底板卸压槽、两帮松动爆破等围岩局部卸压措施,降低巷道浅部围岩应力集中程度,将巷道浅部围岩的高应力区转移到深部围岩中。

（3）实行锚网喷注联合支护技术。当深部巷道不具备上述条件，且围岩有效载荷系数仍大于 0.45 时，必须采用全封闭 U 型钢可缩性金属支架、锚网喷支护以及实施围岩注浆等联合支护措施，以保持深部巷道围岩的长期稳定。

7.4 小结

本章引入"围岩有效载荷系数"概念，对深部巷道围岩稳定性进行分类，即稳定、中等稳定、不稳定和极不稳定 4 类，提出了不同类型巷道围岩可采用的支护方式。研究了巷道围岩松动圈厚度、围岩移近速度与围岩有效载荷系数之间关系。当围岩有效载荷系数 $C \leqslant 0.45$ 时，巷道围岩处于稳定状态；当围岩有效载荷系数 $C > 0.45$ 时，在原岩应力作用下，巷道围岩松动圈厚度与围岩有效载荷系数呈抛物线关系。在原岩应力或煤柱固定支承压力作用下，当围岩有效载荷系数 $C \leqslant 0.45$ 时，巷道围岩处于稳定状态，顶底板和两帮移近速度趋于零；当围岩有效载荷系数 $C > 0.45$ 时，围岩移近速度 V 与有效载荷系数 C 之间呈线性正相关关系。

8 深部巷道"支护固"支护理论研究

8.1 深部井巷中平施工法

近年来,平顶山天安煤业股份有限公司、河南理工大学、淮北市平远软岩支护工程技术有限公司合作,在平煤一矿、四矿、五矿、八矿、十一矿现场井巷支护试验的基础上,形成一套具有平煤特色的深部工程软岩巷道"支护固"支护理论和施工方法,简称中平施工法。中平施工法是国际上新奥法在煤矿深部工程软岩巷道中的应用,是对新奥法的推广应用和改进提高。中平施工法的特征体现在以下几个方面:

(1)锚网喷支护采用韧性整体混凝土喷层。采用矿用报废的径、环向钢丝绳网代替传统锚网喷支护中的经纬金属网;在钢丝绳搭接处利用预应力锚杆固定钢丝绳;喷射混凝土后,在巷道围岩形成整体性能好的韧性混凝土喷层,提高锚网喷支护的整体性。

(2)利用底板卸压槽控制深部巷道底鼓。采用底板卸压法控制深部巷道底鼓,通过在巷道两脚底板布置底板卸压槽,使巷道围岩发生变形,巷道两帮和顶底板中高应力区向深部围岩转移,巷道浅部围岩应力降低,能够明显改善巷道围岩应力场。

(3)采用浅部和深部围岩二次注浆及后期复注浆和局部补注浆等措施,提高注浆效果。采用新型自闭式注浆锚杆,实现锚注一体化,简化注浆工艺,提高注浆速度。在底板卸压围岩致裂的基础上,实现浅部和深部围岩二次注浆,保证围岩均匀注浆,提高注浆效果。当巷道围岩变形移近速度趋于稳定以后,对围岩实施补注浆。

(4)利用钢丝绳网喷射混凝土支护+锚杆支护+围岩注浆支护3种主动支护方式,在巷道围岩形成了"壳拱组合圈"锚固体承载结构,保持巷道围岩的长期稳定。

与目前常用的深部高应力井巷锚网喷、锚网索喷、锚网索注等联合支护以及U型钢可缩性金属支架的二次或多次支护相比,中平施工法巷道采用钢丝

绳网喷射混凝土＋底板卸压槽＋锚注支护,实施一次成巷二次注浆加固,避免
了巷道的扩修和重复翻修,减少或避免了巷道翻修时锚杆、锚索材料消耗以及
人工费用等。因此,近年来中平施工法在平顶山矿区实施以后,极大地提高深
部工程软岩巷道支护技术水平,实现井巷一次支护后无翻修的目标,并且施工
方便,操作简单,工人劳动强度较小,巷道支护成本降低。

8.2 深部巷道"壳拱组合圈"及其变形特征

8.2.1 "壳拱组合圈"结构

中平施工法施工工艺流程如图 8-1 所示。

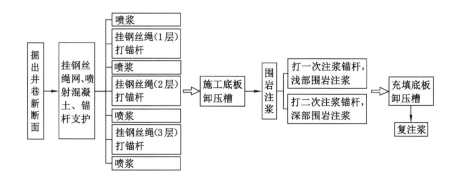

图 8-1 中平施工法施工工艺流程

深部巷道开挖以后,原处于平衡状态的围岩应力进行重新分布,其中巷道
表面围岩应力由三向应力状态转变为两向应力状态。随着围岩变形量的增
加,巷道围岩应力重新分布后,当围岩应力超过围岩强度时,通常在巷道浅部
围岩中依次出现破碎区、塑性区、弹性区和原岩应力区。

深部巷道采用中平施工法施工时,当巷道围岩断面掘出以后,采用喷浆、锚
杆和钢丝绳网混凝土喷层对巷道顶板和两帮进行支护,利用中空注浆锚杆对巷
道围岩进行注浆加固,提高锚杆组合圈和浆液扩散加固圈围岩的强度。以钢丝
绳网起桥接作用的韧性混凝土喷层组成的薄壳,可以提高混凝土喷层的韧性和
整体性能,增加混凝土喷层的极限变形量。注浆锚杆注入的浆液扩散以后,金
属锚杆成为全长锚固锚杆,增加了锚杆的锚固性能。围岩注浆以后锚杆组合圈
转化为锚注组合圈,成为巷道围岩的锚固承载结构(承载体),承受巷道原岩应力
的作用,以保持巷道围岩的长期稳定。锚注组合圈的性能和强度都优于锚杆组
合圈。在巷道底板两脚布置底板卸压槽,卸压以后对巷道围岩注浆,包括对巷

道底板和卸压槽注浆。底板卸压槽不仅能够吸收围岩变形能,阻断应力传递,而且将浅部围岩高应力区转移至围岩深部,改善巷道浅部围岩的应力状态,有利于围岩的注浆;支护后期采用高强混凝土填充底板卸压槽,提高巷道底板的强度,有利于控制巷道底鼓。因此,中平施工法深部巷道支护施工结束以后,在深部巷道周围形成了钢丝绳网喷射混凝土壳(薄壳)、锚注组合圈以及浆液扩散加固圈。通过锚杆的耦合支护作用,薄壳和锚注组合圈构成了以围岩体为主体,能够承受一定载荷的锚杆注浆岩体承载结构,称为"壳拱组合圈",简称"支护固"。巷道"壳拱组合圈"周围存在浆液扩散加固圈,使巷道受力均匀,避免出现集中载荷。其中围岩注浆的作用主要体现在浆液充填在围岩裂隙中,提高围岩体的均质性、围岩体强度等物理力学参数。因此,在注浆锚杆支护和围岩浅部、深部注浆以后,提高了"壳拱组合圈"内岩石的均质性、黏聚力和内摩擦角,同时浆液扩散加固圈改善了"壳拱组合圈"的受力状态,使其处于均匀受力状态,提高了"壳拱组合圈"的承载能力,从而阻止巷道围岩破碎区和塑性区的进一步发展,有利于巷道围岩的长期稳定。

深部巷道支护以后,钢丝绳网混凝土喷层形成的薄壳、锚杆支护和围岩注浆加固形成的锚注组合圈、浆液扩散加固圈以及卸压槽等"壳拱组合圈"支护结构,如图 8-2、图 8-3 所示。

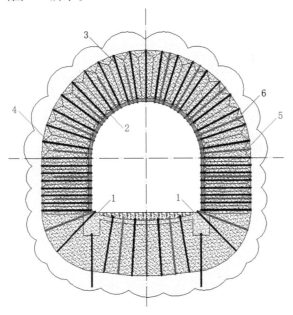

1—底板卸压槽;2—钢丝绳网喷射混凝土壳;3—金属锚杆;4—浅部注浆锚杆;
5—深部注浆锚杆;6—锚注组合圈;7—浆液扩散加固圈。

图 8-2 深部巷道"壳拱组合圈"支护结构断面图

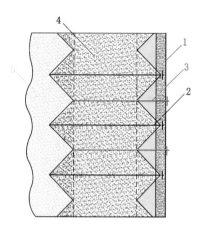

1—钢丝绳网喷射混凝土壳;2—金属锚杆;3—注浆锚杆;

4—锚注组合圈;5—浆液扩散加固圈。

图 8-3　巷道帮"壳拱组合圈"支护结构剖面图

8.2.2　深部巷道围岩变形特征

　　以深部圆形巷道为例,采用中平施工法后,巷道周围出现"壳拱组合圈",其力学模型如图 8-4 所示。深部巷道断面开挖后,巷道围岩进行一次支护,随着掘出时间的推移,巷道围岩逐渐出现塑性变形,甚至出现破坏区。在巷道掘出后及时支护的条件下,依据巷道掘出初期(0～15 d)围岩不产生松动破坏时的变形量,将巷道围岩简化为 2 个变形区,即塑性区和黏弹性区,圆形巷道围岩变形力学模型如图 8-5 所示。

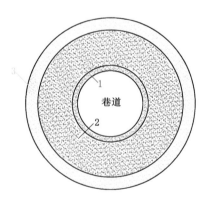

1—钢丝绳网喷射混凝土壳;2—锚注组合圈;3—浆液扩散加固圈。

图 8-4　圆形巷道"壳拱组合圈"力学模型

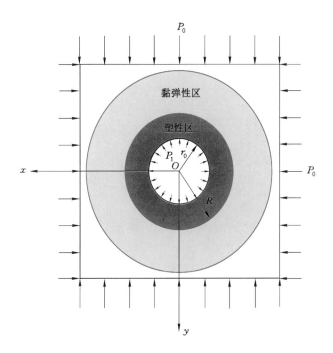

r_0—巷道半径;P_1—巷道支护强度;R—围岩塑性区半径;P_0—原岩应力。

图 8-5 圆形巷道围岩变形力学模型

在黏弹性区,巷道围岩变形过程有蠕变过程和松弛过程。因此,利用由弹簧元件与黏结元件串联后再与弹簧元件并联而组成的 Bonaitin-Thomson(鲍埃丁-汤姆逊)模型,分析围岩的蠕变特性和松弛特性(如图 8-6 所示),该模型的本构关系为:

$$\frac{\partial \sigma}{\partial r} + \frac{k_1}{\eta}\sigma = (k_1 + k_2)\frac{\partial \varepsilon}{\partial t} + \frac{k_1 + k_2}{\eta}\varepsilon \tag{8-1}$$

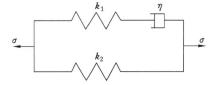

图 8-6 Bonaitin-Thomson 模型

根据弹性力学的几何方程、物理方程、变形协调方程和边界条件等,可以求得圆形巷道塑性区围岩的径向位移量:

$$U_0 = \frac{P_0 r_0}{2} \left[\frac{P_0(1-\sin\varphi)}{c\cos\varphi + P_1} \right]^{\frac{1-\sin\varphi}{2\sin\varphi} \left[\frac{P_0 \sin\varphi + c\cos\varphi}{(1-2\mu)P_0 + P_0 \sin\varphi + c\cos\varphi} \right]} \times$$

$$\left[\frac{1}{G_0} e^{-\frac{t}{\eta_{\text{ret}}}} + \frac{1}{G_\infty} (1-e^{-\frac{t}{\eta_{\text{ret}}}}) \right] \left[\sin\varphi + \frac{c}{P_0}\cos\varphi + (1+2\mu) \right]$$

$$(8\text{-}2)$$

式中　U_0——巷道围岩径向位移量,m;

　　　　P_1——巷道支护强度,MPa;

　　　　r_0——圆形巷道半径,m;

　　　　c——岩体黏聚力,MPa;

　　　　φ——岩体内摩擦角,(°);

　　　　η_{ret}——围岩松弛时间,d;

　　　　t——围岩掘出时间,d;

　　　　G_0,G_∞——围岩瞬时剪切变形模量和长时剪切变形模量,MPa;

　　　　μ——围岩泊松比;

　　　　P_0——原岩应力,MPa。

对于煤矿实际非圆形巷道,巷道半径取等效半径,即用等效半径的圆来代替非圆形巷道,以此利用圆形来研究非圆形巷道围岩应力和围岩变形有关问题。

$$r_d = \min(r_s, r_y)$$

$$r_s = k_x \sqrt{S/\pi}$$

$$(8\text{-}3)$$

式中　r_d——非圆形巷道等效半径,m;

　　　　r_s——巷道当量半径,m;

　　　　S——实际巷道断面积,m^2;

　　　　r_y——巷道外接圆半径,m;

　　　　k_x——巷道断面修正系数,取 1.05～1.25。

平煤八矿二水平丁四采区绞车房硐室的设计断面形状为直墙半圆拱形,巷道断面宽×高为 5.8 m×5.28 m,平均埋深 585 m。巷道围岩主要为泥岩和砂质泥岩。巷道围岩原岩应力 $P_0 = 14.7$ MPa,围岩泊松比 $\mu = 0.25$,黏聚力 $c = 3.98$ MPa,内摩擦角 $\varphi = 27°$,巷道支护强度 $P_1 = 1.2$ MPa,围岩瞬时剪切变形模量 $G_0 = 150$ MPa,围岩长时剪切变形模量 $G_\infty = 100$ MPa,围岩松弛时间 $\eta_{\text{ret}} = 6$ d。按照式(8-2)和式(8-3)计算得出,绞车房硐室等效半径 $r_d = 2.9$ m,巷道掘出 10 d 后,围岩变形量为 200～290 mm。

在其他因素一定的条件下,根据式(8-2)分别绘制在不同原岩应力、巷道半径和支护强度条件下,深部巷道围岩位移与其掘出时间变化曲线,如图 8-7所示。由图可知,巷道掘出以后围岩位移量随着掘出时间的增加而增加,巷

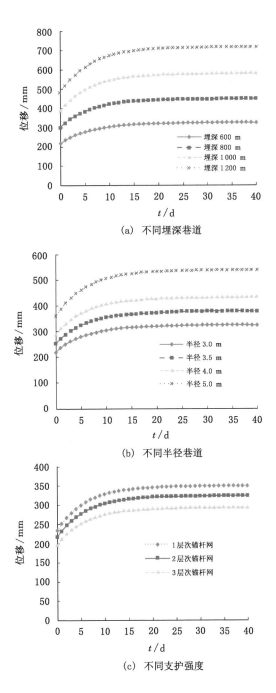

(a) 不同埋深巷道

(b) 不同半径巷道

(c) 不同支护强度

图 8-7 深部巷道围岩位移与其掘出时间之间关系

道开挖 0～10 d 内巷道围岩变形速度较大,之后巷道围岩变形速度较缓慢,且变形速度逐渐趋于稳定或变形速度为 0 mm/d,围岩处于稳定状态。所以巷道围岩径向位移量约等于巷道围岩掘出 10 d 时围岩的位移量。

8.3 "壳拱组合圈"的耦合作用

深部巷道开挖后及时进行一次支护,通过锚杆的约束作用,在巷道围岩表面形成钢丝绳网喷射混凝土薄壳全封闭结构,该结构具有受压均匀、强度高、厚度薄、柔性好、整体性好等特点。薄壳主要承受锚杆的压缩作用,与围岩体密贴,封闭围岩体。

深部巷道围岩实现耦合支护的基本要求是:支护体与巷道围岩在强度、刚度和结构上耦合。由于深部巷道围岩存在高应力和高变形能,采用高强支护难以有效控制围岩变形,达不到控制围岩稳定性的目的,所以在不降低围岩承载强度的基础上,释放围岩变形能,可以有效地实现支护和围岩的强度耦合,提高围岩支护效果。深部巷道围岩的破坏主要是由于支护和围岩的变形不协调,也就是支护体的刚度和围岩的刚度不耦合,因此要求支护体具有一定的刚度,将巷道围岩控制在允许变形范围之内,避免因过度变形而破坏围岩承载能力;同时要求支护体有一定的柔度,可以允许巷道围岩具有一定的变形量,在支护体与围岩相互作用共同承载过程中,实现巷道支护体和围岩的耦合变形。此外,支护体结构与巷道围岩结构相耦合,对于围岩结构面产生的不连续变形,通过前期围岩注浆和后期补注浆对不连续结构面进行强度耦合支护,限制其不连续变形,防止围岩因个别部位的破坏而引起整个支护体的失稳,从而达到良好支护的目的。

8.3.1 钢丝绳网混凝土力学性质

采用中平施工法时巷道的薄壳由钢丝绳网混凝土喷层组成,为巷道表面围岩形成的均匀受压的全封闭壳体,具有强度高、厚度薄、整体性能好的特点。

钢丝绳网混凝土实质上为钢丝网增强混凝土复合材料。袁建虎等进行室内试验配制强度等级为 C60、C80 和 C100 的混凝土作为基体材料,基材混凝土配比如表 8-1 所示。试验选用直径 0.5 mm 的高碳钢冷拔钢丝以 3 mm 的经纬网格编织钢丝网,将钢丝网放置于基质素混凝土中,制作成钢丝网混凝土试件。各类试件尺寸分别为:抗压试件 100 mm×100 mm×100 mm,抗弯试件400 mm×100 mm×100 mm,抗劈拉试件 100 mm×100 mm×100 mm。每个试件均匀布设 9 层钢丝网,试件体积含钢量约为 1%。试件制作后采用标准养护:养护时间 28 d,温度 20 ℃,湿度≥90%。试件养护结束以后,对不同强度等级的素混凝土和钢丝网混凝土进行抗压、抗弯和抗劈拉试验。

表 8-1 试验基材混凝土配比

基材混凝土类型	水泥	石子	沙子	水	添加剂	硅粉	粉煤灰
C60	1	1.85	0.87	0.27	0.015	0.15	—
C80	1	—	1.20	0.20	0.020	0.15	0.05
C100	1	—	1.20	0.18	0.025	0.16	0.06

注:C60、C80混凝土采用强度等级为42.5水泥配制;C100混凝土采用强度等级为52.5水泥配制。

素混凝土和钢丝网混凝土力学性质与混凝土强度等级之间关系如图 8-8 所示。试验结果表明:

(1)随着混凝土强度等级的提高,素混凝土和钢丝网混凝土的抗弯、抗压和抗劈拉强度均相应增大;但素混凝土的强度增大的幅度相对较平缓,而钢丝网混凝土的强度增大的幅度相对较陡。

(2)钢丝网混凝土的抗压、抗弯和抗劈拉强度分别较素混凝土的提高 $29.4\%\sim87.5\%$、$51.9\%\sim88.0\%$ 和 $81.0\%\sim150.0\%$。其主要原因是:钢丝绳网混凝土是在素混凝土中加入钢丝网作为增强材料,由于钢丝网的桥接作用,对混凝土内部裂纹的发生和扩展起到了限制约束作用;同时通过基体材料的传递作用,将主要外力转移到钢丝网来承担,从而使钢丝网混凝土复合材料的力学性能得到了明显的改善和提高。

由此可见,钢丝网混凝土能够有效改善混凝土的各项力学性能。通过配制高强度混凝土,可以充分发挥钢丝网的力学性能,获得高性能的混凝土复合材料。室内试验研究结论为中平施工法现场施工中采用高强度等级的钢丝绳网喷射混凝土提供了技术支撑。

8.3.2 锚注支护薄壳、锚注体和底板卸压槽之间耦合作用

深部巷道在薄壳作用下,巷道围岩初期剧烈变形得到控制,保证了巷道的初期稳定。锚注组合圈由钢丝绳网混凝土喷层组成的薄壳、多层锚杆和注浆加固的围岩体共同构成。多层锚杆支护和锚注支护以后,锚注组合圈转化成均质、同性的锚注体。巷道浅部围岩由双向受压变成三向受压状态,锚注体岩体的抗压、抗拉和抗剪强度、黏聚力以及残余破坏强度均得到提高。底板卸压槽开挖和卸压以后,增加了围岩中的裂隙,提高了围岩中裂隙空隙率,有利于底板围岩高应力的释放和围岩注浆浆液的扩散,扩大注浆围岩的胶结范围,从而提高围岩的注浆量和保证良好的注浆效果。围岩注浆后浆液胶结围岩中的裂隙

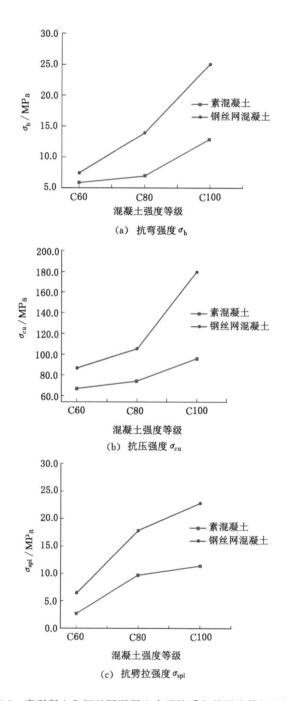

（a）抗弯强度 σ_b

（b）抗压强度 σ_{cu}

（c）抗劈拉强度 σ_{spl}

图 8-8　素混凝土和钢丝网混凝土力学性质与其强度等级之间关系

和弱面,因此使锚杆由端锚变成全长锚固,提高了锚注体的刚度和支护阻力。

总之,采用中平施工法施工的巷道支护以后,在围岩中出现了薄壳-锚注体-卸压槽支护结构,薄壳能够吸收巷道围岩变形,提供初期支护阻力;底板卸压槽能够降低巷道围岩应力,相应提高了锚注体承载能力,可以保证锚注组合圈的长期稳定。因此,在确保支护施工质量的前提下,深部巷道薄壳-锚注体-卸压槽支护结构与巷道围岩实现耦合作用后,可以保证巷道围岩的长期稳定。

8.3.3　锚注支护混凝土喷层和锚杆之间力学耦合关系

深部巷道锚注支护的主要参数包括金属锚杆长度和间排距、钢丝绳网混凝土喷层厚度和强度等。锚注支护的实质是提高围岩的自承能力,这样围岩既是载荷又是承载体。金属锚杆长度通常由巷道宽度决定(假定锚杆长度足够),因此研究锚注支护中混凝土喷层、锚杆和围岩之间的力学耦合关系,主要是研究锚杆间距、混凝土喷层厚度和强度对围岩自承能力的影响,建立相应的物理力学方程,并在现场应用中得到验证。

(1) 力学耦合模型的建立

图 8-9 所示为锚注支护巷道混凝土喷层与锚杆受力分析简图。首先进行如下假设:① 视金属锚杆为支点,锚杆间混凝土喷层为连续、均质、各向同性、符合弹性力学直梁条件;② 围岩和混凝土喷层在屈服破坏之前为线弹性体,其本构方程为 $\sigma = E\varepsilon$。

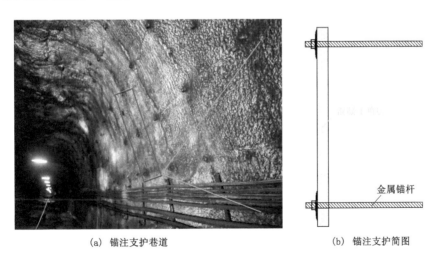

(a) 锚注支护巷道　　　　　　　　　　(b) 锚注支护简图

图 8-9　锚注支护巷道混凝土喷层与锚杆受力分析简图

考虑到混凝土喷层所受的水平应力较小,水平应力对混凝土喷层的弯曲影响也小,因此,略去了混凝土喷层中的水平应力。由于金属锚杆的锚固作

深部井巷中平施工法及其"支护固"支护理论

用,将混凝土喷层梁两端的边界约束简化为两端固定的固支梁力学模型,如图 8-10 所示。该模型为两端固定的单跨超静定矩形截面梁。为了简化计算,不计梁自身质量,矩形梁的高度为 h。利用弹性力学理论,可以得到两端固定单跨超静定矩形梁在均布载荷作用下任一点 (x,y,z) 位置的应力分量:

$$\begin{cases} \sigma_x = \dfrac{2ql^2}{h^3}(l^2 - 3x^2)y + \dfrac{4q}{h^3}y^3 - \dfrac{3(2+\mu)q}{2h}y - \dfrac{\mu q}{2} \\[2mm] \sigma_y = -\dfrac{2q}{h^3}y^3 + \dfrac{3q}{2h}y - \dfrac{q}{2} \\[2mm] \tau_{xy} = \dfrac{6q}{h^3}xy^2 - \dfrac{3q}{2h}x \end{cases} \tag{8-4}$$

式中 q——矩形梁上表面均布载荷;

   l——矩形梁跨度的一半;

   μ——矩形梁材料的泊松比。

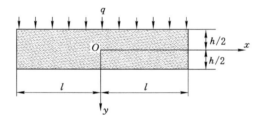

图 8-10 混凝土喷层固支梁力学模型

由式(8-4)可以得出,σ_x 的最大值发生在混凝土喷层梁的上、下表面中心位置。其中矩形梁的下表面(即混凝土喷层的表面)受到拉应力,上表面(即混凝土喷层的内面)受到压应力。

最大拉应力 σ_{tmax} 发生在混凝土喷层的下表面,即 $x=0$、$y=h/2$ 处,最大拉应力为:

$$\sigma_{tmax} = (\sigma_t)_{x=0,\,y=\frac{h}{2}} = q\left(\dfrac{l^4}{h^2} - 1 - \dfrac{5\mu}{4}\right) \tag{8-5}$$

混凝土喷层满足 Morh-Coulomb 强度准则:

$$\tau = c + \sigma\tan\varphi \tag{8-6}$$

式中,c 为岩体黏聚力;φ 为岩体内摩擦角。

现用 σ_1 与 σ_3 表示这个条件,根据几何关系可得:

$$\dfrac{\sigma_1 - \sigma_3}{\sigma_1 + \sigma_3 + 2c\tan^{-1}\varphi} = \sin\varphi \tag{8-7}$$

式中,σ_1 为最大主应力;σ_3 为最小主应力。

根据式(8-7)整理得到 σ_1 和 σ_3、c 和 φ 之间关系：

$$\sigma_1 = \frac{1+\sin\varphi}{1-\sin\varphi}\sigma_3 + \frac{2c\cos\varphi}{1-\sin\varphi} \tag{8-8}$$

因为均布载荷 $q=\sigma_3$，将式(8-5)代入式(8-8)，求出 σ_1 与 h 和 σ_t 之间关系：

$$\sigma_1 = \frac{2c\cos\varphi}{1-\sin\varphi} + \frac{h^2\sigma_t}{l^4-h^2-1.25h^2\mu}\frac{1+\sin\varphi}{1-\sin\varphi} \tag{8-9}$$

式(8-9)直观反映了混凝土喷层最大主应力 σ_1 与混凝土喷层最危险点拉应力 σ_t、锚杆间距 $2l$、混凝土抗拉喷层厚度 h、混凝土黏聚力 c、内摩擦角 φ 等参数之间的关系。

(2) 现场支护参数的优化

结合平煤八矿绞车房硐室和采区下山巷道支护现状以及围岩变形特征，喷射混凝土强度参数和金属锚杆参数如表 8-2 所示。根据锚注支护中混凝土喷层和锚杆之间力学耦合关系式(8-9)，可以得出混凝土喷层破坏时所需要的最大主应力 σ_1 与混凝土喷层厚度 h、混凝土抗拉强度 σ_t 和锚杆间距 $2l$ 等参数之间定量关系和曲线图，如图 8-11~图 8-13 所示。

表 8-2　平煤八矿绞车房硐室和采区下山巷道围岩和支护现状

围岩性质和参数	喷射混凝土性质和参数	金属锚杆参数
泥岩	钢丝绳网混凝土	螺纹钢金属锚杆
泊松比 $\mu=0.22$	抗压强度 30 MPa	长度 2.4 m，直径 22 mm
内摩擦角 $\varphi=35°$	抗拉强度 3.73 MPa	锚杆间距 0.23~0.70 m

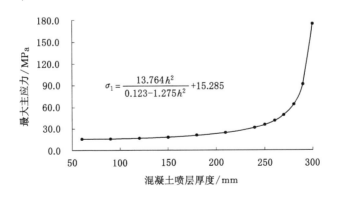

图 8-11　混凝土喷层最大主应力与其厚度之间关系

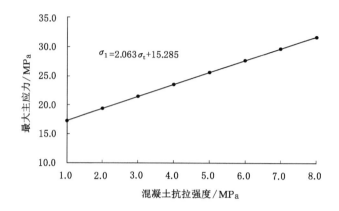

图 8-12　混凝土喷层最大主应力与其抗拉强度之间关系

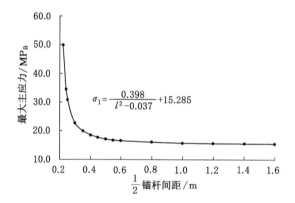

图 8-13　混凝土喷层最大主应力与锚杆间距之间关系

由图 8-11 可知,混凝土喷层最大主应力与混凝土喷层厚度之间呈指数函数关系,随着混凝土喷层厚度增加,最大主应力逐渐增大,其中 270 mm 为混凝土喷层厚度拐点。当混凝土喷层厚度小于 270 mm 时,最大主应力缓慢增加;当混凝土喷层厚度大于 270 mm 时,最大主应力增加速度剧烈;当混凝土喷层厚度达到 300 mm 时,最大主应力达到 175 MPa。平煤八矿绞车房硐室锚注支护时采用四层喷射混凝土,喷层厚度最大值达到 350 mm,喷层开裂时需要的最大主应力较高,有利于混凝土喷层的稳定。

由图 8-12 可知,混凝土喷层最大主应力与混凝土抗拉强度之间呈线性关系,随着混凝土抗拉强度的增加,混凝土喷层最大主应力线性正比增加。因此,提高混凝土抗拉强度可以增强混凝土喷层的支护作用。

由图 8-13 可知,混凝土喷层最大主应力与锚杆间距之间呈负指数函数关系。随着锚杆间距的增加,混凝土喷层最大主应力持续减小,但减小的幅度差别明显,锚杆间距为 0.70 m 时为曲线的拐点。当锚杆间距小于 0.70 m 时,随着锚杆间距的增加,混凝土喷层最大主应力快速减小;而当锚杆间距大于 0.70 m时,随着锚杆间距的增加,混凝土喷层最大主应力减小的速度逐渐缓慢。因此,深部巷道钢丝绳网锚喷支护时,缩小锚杆间距,锚杆支护强度增加,混凝土喷层开裂时需要的最大主应力升高,可以有效地减少喷层开裂,支护效果显著;而增大锚杆间距,锚杆支护强度变小,混凝土喷层开裂时需要的最大主应力降低,混凝土喷层容易开裂。所以从合理的锚杆支护强度能够保证喷层不开裂或者少开裂角度出发,目前平顶山矿区深部巷道钢丝绳网锚喷支护合理的锚杆间距为 0.70 m。

上述分析表明,利用混凝土喷层破坏时的最大主应力来反映喷射混凝土的支护强度和承载能力,建立了锚注支护混凝土喷层与锚杆力学耦合关系:喷射混凝土承载能力与喷层厚度呈指数函数关系,与混凝土抗拉强度呈线性正相关关系,与锚杆间距呈负指数函数关系。增大混凝土喷层厚度、缩小锚杆间距,以及增加喷射混凝土强度,有利于提高混凝土喷层开裂时最大主应力,可以有效地减少喷层开裂,改善深部巷道锚注支护效果显著。上述研究结论与现场应用情况基本一致。

8.4 "壳拱组合拱"承载能力

8.4.1 "壳拱组合拱"支护结构参数

在深井高应力巷道地质条件下,采用传统单层锚网喷支护难以满足巷道围岩稳定需要。为此,提出了基于中平施工法的深部巷道"壳拱组合圈"支护结构。巷道采用"多层锚杆+多层钢丝绳网喷射混凝土+底板卸压槽+围岩注浆"联合支护以后,在圆形或拱形巷道周围形成"壳拱组合圈"支护结构。为了便于建立理论模型用来分析"壳拱组合圈"力学特征,将深部圆形巷道(其他巷道简化为圆形巷道)"壳拱组合圈"支护结构简化为上部和下部"壳拱组合拱"支护结构进行分析。

深部圆形巷道"多层锚网喷+注浆加固"支护施工以后,巷道上部"壳拱组合拱"支护结构如图 8-14 所示。在金属锚杆支护阻力作用下,锚杆通过锚固作用在两端形成锚杆压缩锥;采用多层锚网喷支护时,通过加密锚杆能够在锚杆中部围岩中形成一个均匀的压缩区(带),对于圆形或拱形巷道称为锚杆组合压缩拱。通过注浆锚杆向巷道围岩注浆以后,进一步提高锚杆组合压缩拱的承载能力,使其转化为锚注组合压缩拱;深部围岩注浆以后,在锚注组合压缩拱的外侧形成了较均匀的浆液扩散加固拱。

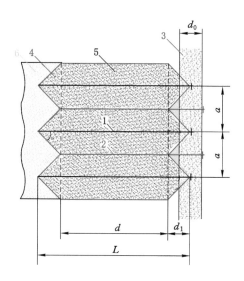

1—金属锚杆;2—注浆锚杆;3—混凝土喷层;4—锚杆压缩锥;

5—锚杆组合压缩拱;6—浆液扩散加固拱。

图 8-14　巷道帮"壳拱组合拱"支护结构示意图

由图 8-14 可知,锚网喷支护形成的"壳拱组合拱"厚度 D 为:

$$D = D_壳 + D_拱 = d_0 + (d_1 - d_0/2 + d) = d + d_1 + d_0/2 \quad (8\text{-}10)$$

式中　d——锚杆中部围岩均匀压缩带厚度,mm;

$\quad\quad d_1$——锚杆尾端压缩锥厚度,mm;

$\quad\quad d_0$——混凝土喷层厚度,mm。

巷道围岩均匀压缩区厚度 d 可用下式计算:

$$d = L - \frac{a}{\tan \alpha} \quad (8\text{-}11)$$

式中　a——锚杆间距,mm;

$\quad\quad L$——锚杆有效长度,mm;

$\quad\quad \alpha$——锚杆对岩体压缩角,该角度大小与锚杆支护质量和围岩岩性有

$\quad\quad\quad$ 关,(°)。

假定圆形巷道断面使用 N 根金属锚杆支护,则锚杆间距 a 为:

$$a = \frac{2\pi R}{N} \quad (8\text{-}12)$$

式中　R——巷道半径,mm。

锚杆尾端压缩锥厚度 d_1 可用下式计算：

$$d_1 = \frac{a}{2\tan\alpha} \qquad (8\text{-}13)$$

通常情况下，为了安全起见取锚杆对岩体压缩角 α 取 $45°$，将式(8-11)、式(8-13)代入式(8-10)中，则：

$$D = L - \frac{a}{\tan\alpha} + \frac{a}{2\tan\alpha} + \frac{d_0}{2} = L - a/2 + d_0/2 \qquad (8\text{-}14)$$

根据式(8-14)，可得：

$$\frac{D-L}{L} = \frac{d_0 - a}{2L} \times 100\% \qquad (8\text{-}15)$$

中平施工法深部拱形巷道进行锚网喷支护、注浆锚杆注浆加固后，在巷道围岩形成三个拱结构，即薄壳、锚注组合压缩拱、浆液扩散加固拱。前两者构成"拱壳组合拱"支护结构；后者承受原岩应力的作用，并将原岩应力转化为均匀载荷作用在"壳拱组合拱"外表面，提高了"壳拱组合拱"的承载能力，如图 8-15 所示。

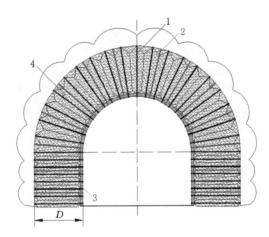

1—金属锚杆；2—注浆锚杆；3—混凝土喷层(薄壳)；4—锚注组合拱；
5—浆液扩散加固拱；D—"壳拱组合拱"厚度。
图 8-15 "壳拱组合拱"支护结构示意图

采用中平施工法施工，在深部巷道围岩形成了"多层锚网喷＋注浆加固"的"壳拱组合拱"支护结构。平煤八矿采区绞车房硐室翻修时，利用"四次锚网喷＋注浆加固"联合支护的三层锚杆的支护阻力、钢丝绳网混凝土喷层、围岩注浆形成的锚注组合拱，显著提高了支护承载能力。根据绞车房硐室翻修施工支护参

数,可知 $L=2\,400$ mm,$a=700$ mm/3$=233$ mm,$d_0=350$ mm,则:

$$\frac{D-L}{L}=\frac{350-233}{2\times2\,400}\times100\%=2.4\% \tag{8-16}$$

由于金属锚杆支护密度大,而注浆锚杆仅仅起到注浆钢管的作用,且钢管长度与金属锚杆相近,高压浆液主要压注到注浆锚杆的四周岩体中,因而浆液扩散加固拱的范围较小。注浆后端锚的金属锚杆转化成为全长锚固的金属锚杆,极大地提高了锚杆锚固力,将锚杆锚头端部和杆体中部的非均匀压缩区转化成均匀压缩区。由式(8-16)计算结果可知,平煤八矿绞车房硐室翻修支护以后,"壳拱组合拱"厚度 D 与锚杆长度 L 仅相差2.4%,因此实际工程中认为硐室支护以后,"壳拱组合拱"厚度 D 约等于锚杆有效长度 L。

8.4.2 "壳拱组合拱"承载能力

为了便于力学分析和数值计算,圆形巷道上部"壳拱组合拱"受力分析力学模型如图 8-16 所示。对于圆形巷道,沿着轴线方向取单位长度的巷道作为单元体进行力学分析,其中"壳拱组合拱"在横断面上承受环向载荷 p_c、外面上承受均布载荷 q、内面上(巷道表面)承受锚杆支护强度 p,单位长度巷道在外力作用下在 x,y 方向处于应力平衡状态。如图 8-17 所示。

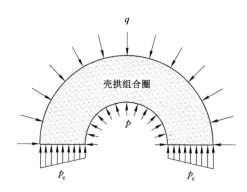

图 8-16　圆形巷道"壳拱组合拱"受力分析力学模型

(1)"壳拱组合拱"在 y 方向上的承载能力计算

当巷道"壳拱组合拱"处于极限平衡状态时,"壳拱组合拱"岩体应力状态满足 Morh-Coulomb 强度准则:

$$\sigma_1=\sigma_3\frac{1+\sin\varphi_b}{1-\sin\varphi_b}+2c_b\frac{\cos\varphi_b}{1-\sin\varphi_b} \tag{8-17}$$

式中　σ_1,σ_3——"壳拱组合拱"岩体最大主应力和最小主应力,MPa;

φ_b——"壳拱组合拱"岩体内摩擦角,(°);

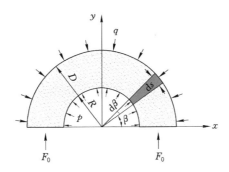

图 8-17 "壳拱组合拱"边界载荷和单元体受力分析简图

c_b——"壳拱组合拱"岩体黏聚力,MPa。

当"壳拱组合拱"内任一点岩体应力状态满足式(8-17)时,说明围岩处于临界破坏状态。

巷道表面围岩所受的应力等于锚杆支护强度,即$\sigma_3 = p$。

锚杆支护强度 p 为:

$$p = \frac{Q_s}{ab} \tag{8-18}$$

式中 Q_s——锚杆工作阻力,N;

a,b——锚杆间距和排距,mm。

为充分发挥锚杆抗拉性能,设计锚杆工作阻力应当保证锚杆体发生屈服且不会被拉断,因此将锚杆处于屈服状态时的载荷作为锚杆工作阻力 Q_s:

$$Q_s = \frac{\pi d_s^2 \sigma_s}{4} \tag{8-19}$$

式中 d_s——锚杆直径,mm;

σ_s——锚杆体材料屈服强度,MPa。

因此,沿巷道轴线方向单位长度"壳拱组合拱"在 y 方向上的承载能力 F 为:

$$F = \left(p\, \frac{1 + \sin \varphi_b}{1 - \sin \varphi_b} + 2c_b\, \frac{\cos \varphi_b}{1 - \sin \varphi_b} \right) D + \frac{1}{2} k D^2 \tag{8-20}$$

式中 k——"壳拱组合拱"环向应力增加的斜率;

D——"壳拱组合拱"厚度,mm。

(2)"壳拱组合拱"外部均布载荷在 y 方向上的垂直分量计算

如图 8-17 所示,"壳拱组合拱"围岩单元体的弧长为:

$$\mathrm{d}s = (R + D)\mathrm{d}\beta \tag{8-21}$$

圆环形"壳拱组合拱"承受外部均布载荷 q 作用,设在锚杆支护强度 p 作用下,作用在"壳拱组合拱" y 方向上的环向力为 F_0。利用对称性,得到:

$$\int_0^\pi q\,\mathrm{d}s\sin\beta = \int_0^\pi q(R + D)\sin\beta\mathrm{d}\beta = 2F_0 \tag{8-22}$$

解得:

$$F_0 = q(R + D) \tag{8-23}$$

欲保证巷道围岩"壳拱组合拱"的稳定性,当"壳拱组合拱"结构承受 y 方向上的围岩载荷 $F \leqslant 2F_0$ 时,才能确保围岩安全;当 $F = 2F_0$ 时,"壳拱组合拱"处于极限平衡状态,将此条件代入式(8-23),联合式(8-18)、式(8-19)和式(8-20),取 $D = L$,可得到"壳拱组合拱"承受的均布载荷 q 为:

$$q = \frac{L}{R + L}\left(\frac{\pi d_s^2\sigma_s}{4ab}\frac{1 + \sin\varphi_b}{1 - \sin\varphi_b} + \frac{2c_b\cos\varphi_b}{1 - \sin\varphi_b} + \frac{kL}{2}\right) \tag{8-24}$$

当"壳拱组合拱"的承载能力 $q_0 = q$ 时,巷道围岩处于极限平衡状态,则:

$$q_0 = \frac{L}{R + L}\left(\frac{\pi d_s^2\sigma_s}{4ab}\frac{1 + \sin\varphi_b}{1 - \sin\varphi_b} + \frac{2c_b\cos\varphi_b}{1 - \sin\varphi_b} + \frac{kL}{2}\right) \tag{8-25}$$

式中　q_0——"壳拱组合拱"承载能力。

根据式(8-25),"壳拱组合拱"承载能力 q_0 与锚网喷注支护参数、锚注围岩体力学参数以及巷道半径 R 等参数有关,不同的支护参数将直接影响"壳拱组合拱"承载能力。

以平煤八矿绞车房硐室锚网喷注支护为工程背景,取 $R = 2.5$ m, $L = 2.4$ m, $c_b = 2$ MPa, $\varphi_b = 30°$, $d_s = 20$ mm, $k = 2$, $a = b = 230$ mm, $\sigma_s = 800$ MPa,计算出"壳拱组合拱"承载能力 $q_0 = 11.55$ MPa。

8.4.3 "壳拱组合拱"承载能力影响因素分析

(1) 黏聚力

由式(8-25)可知,巷道"壳拱组合拱"承载能力与围岩体黏聚力呈线性正相关关系,且为围岩体内摩擦角的增函数。随着围岩黏聚力、内摩擦角的增加,"壳拱组合拱"承载能力增大。围岩注浆加固以后,其黏聚力和内摩擦角提高,"壳拱组合拱"承载能力增加。

(2) 巷道半径

取 $L = 2.4$ m, $c_b = 2$ MPa, $\varphi_b = 30°$, $d_s = 20$ mm, $k = 2$, $a = b = 230$ mm, $\sigma_s = 800$ MPa,巷道半径 R 由 1.5 m 增加到 3.0 m 时,根据式(8-25)得到"壳

拱组合拱"承载能力与巷道半径之间关系,如图 8-18 所示。随着巷道半径增加,"壳拱组合拱"承载能力减小,这与现场施工中大断面巷道较中小型断面巷道支护难度大基本一致。

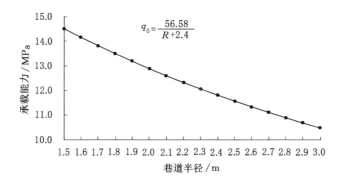

图 8-18 "壳拱组合拱"承载能力与巷道半径之间关系

(3) 锚网喷注支护参数

锚杆工作阻力、锚杆直径和长度以及锚杆间排距等参数,直接影响巷道"壳拱组合拱"承载能力。

锚杆工作阻力通常为锚杆屈服强度。由式(8-25)可知,"壳拱组合拱"承载能力与锚杆屈服强度呈线性正相关关系。随着锚杆杆体材质的提高,锚杆屈服强度的增大,锚固体承载能力的提高,巷道支护效果越好。

平煤八矿绞车房硐室"壳拱组合拱"承载能力与锚杆长度 L 之间关系如图 8-19 所示。当锚杆长度从 1.5 m 增加到 3.0 m 时,随着锚杆长度增加"壳拱组合拱"承载能力增大,但增加幅度逐渐减小。

平煤八矿绞车房硐室"壳拱组合拱"承载能力与锚杆间距之间呈负指数函数关系,如图 8-20 所示。当硐室排距、间距相等时,随着锚杆间距从 0.2 m 增加到 1.4 m,锚杆数目减少,支护密度逐渐变稀疏。随着支护密度的降低,"壳拱组合拱"承载能力逐渐减小。

总之,巷道锚网喷注支护中,锚杆长度大、杆体材质好、支护密度大,围岩注浆效果好,有利于提高"壳拱组合拱"的承载能力,巷道支护效果好,但巷道支护材料(包括锚杆材料和注浆材料)消耗高,支护费用高。为了保证煤矿深部巷道围岩的稳定性,允许巷道围岩适量变形,可以大幅度降低支护材料消耗,但要避免巷道过度变形而影响巷道的正常使用。因此,当深部巷道围岩地质条件一定时,需要对锚网喷注支护参数,包括锚杆支护参数、混凝土喷层厚度、卸压槽、注浆支护参数等进行优化组合,以提高"壳拱组合拱"承载能力,保

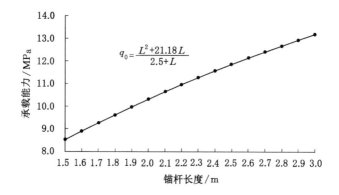

图 8-19 "壳拱组合拱"承载能力与锚杆长度之间关系

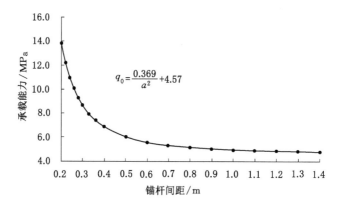

图 8-20 "壳拱组合拱"承载能力与锚杆间距之间关系

证深部巷道的正常使用。

8.5 小结

中平施工法深部巷道施工以后,在巷道周围形成了钢丝绳网喷射混凝土壳(简称薄壳)、锚注组合圈以及浆液扩散加固圈。通过锚杆的耦合支护作用,薄壳和锚注组合圈构成了以围岩体为主体,能够承受一定载荷的锚杆注浆体(锚注体)承载结构,称为"壳拱组合圈",简称"支护固"。

(1) 提出了"壳拱组合圈"概念。"壳拱组合圈"中薄壳由钢丝绳网混凝土喷层组成,钢丝绳网喷射混凝土能够有效改善混凝土的各项力学性能,提供初期支护阻力;锚注体由多层锚杆和注浆加固围岩组成;底板卸压槽能够降低围岩应力,提高锚注体支护阻力。因此,巷道薄壳-锚注体-卸压槽支护体与围岩体实现耦合作用后,可以保证围岩体的长期稳定。

(2)深部圆形巷道"壳拱组合圈"由上、下两部分"壳拱组合拱"组成,研究了圆形巷道上部"壳拱组合拱"支护结构的组成、该结构与混凝土喷层与锚杆支护之间的耦合关系。引入混凝土喷层开裂时最大主应力来反映喷射混凝土的支护强度和承载能力,建立了锚注支护混凝土喷层和锚杆力学耦合关系:喷射混凝土承载能力与喷层厚度呈指数函数关系,与混凝土抗拉强度呈线性正相关关系,与锚杆间距呈负指数函数关系。增大混凝土喷层厚度、缩小锚杆间距以及增加喷射混凝土强度,有利于提高混凝土喷层开裂时最大主应力,可以有效地减少混凝土喷层开裂,显著改善深部巷道锚注支护效果。

(3)建立了深部圆形巷道上部"壳拱组合拱"受力分析力学模型,推导了深部巷道"壳拱组合拱"承载能力计算公式,得出了"壳拱组合拱"承载能力与围岩体力学性质、巷道尺寸以及锚杆支护参数之间的定量关系。研究结论为中平施工法提供了基础理论。

9 中平施工法巷道矿压显现在线监测

　　巷道矿压显现在线监测是实现巷道动态支护设计、围岩稳定性动态评价和及时完善支护初始设计的技术保障。深部巷道支护设计是一种动态支护设计方法,设计的步骤为:地质力学评估(围岩分类)→初始设计→井下在线监测→监测信息反馈→完善和修改初始设计,形成正规设计→下一个循环。地质力学评估、施工质量和效果评价、动态支护时机的判断都需要对围岩的力学特征进行在线监测。因此,精确、快速、科学的巷道矿压显现在线监测是保证巷道快速施工和巷道围岩稳定的前提。中平施工法巷道矿压显现在线监测结果,对于确定巷道合理的支护参数和优化施工工艺具有重要指导意义。

　　巷道矿压显现在线监测为动态监测,是揭示巷道围岩活动规律的直接方法,也是保证巷道正常掘进和安全使用的技术手段。井巷工程面临的对象是岩体,而岩体是在特定地质条件下(如地应力、地下水、地温等)的非连续、非均匀、各向异性体,岩体力学性质或本构关系表现出非常复杂的非线性。同时,由于煤层开采过程和环境的复杂性,目前还难以通过理论计算的方法得到与工程实际完全吻合的巷道矿压显现结果,而通过巷道矿压显现在线监测能够第一时间掌握煤矿井下实际情况,做到防患于未然;长期进行巷道矿压显现在线监测,分析巷道矿压显现规律,可以较准确地预测预报煤矿动力学灾害。

　　目前,国内煤矿安全监控系统已居于国际先进水平,实现了煤矿巷道矿压显现实时在线监测,但在对监测设备、数据分析、预警方面仍相对落后,因此有必要建立巷道矿压显现在线监测预警系统,对顶板事故进行预警和防治。

　　本章以山东恒安公司生产的 KJ616 型煤矿顶板动态监测系统为例,阐明监测系统的工作原理、监测内容以及监测设备。

9.1 在线监测系统工作原理及组成

　　煤矿顶板动态监测系统是用于煤矿顶板动态位移和动态压力的计算机在

线测量系统,如图 9-1 所示。该系统以计算机网络为主体,兼容井下通信电缆、光缆、以太网络多种数据传输模式,将计算机监测技术、数据通信技术和传感器技术融为一体。通过系统的监测结果分析软件,对巷道顶板离层量、巷道顶板及两帮的锚杆受力变化、煤岩层应力变化等监测数据进行在线监测和分析,实现复杂环境条件下巷道矿压显现在线实时监测的自动化和信息化。

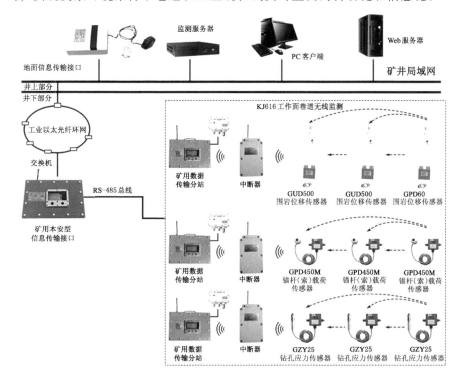

图 9-1 巷道顶板动态监测系统示意图

煤矿巷道顶板动态在线监测系统主要分为井上监控主机、井下信号传输和观测仪器三部分。该系统主要由监控主机和监控分析软件、通信适配器、通信电缆或光缆、信息传输接口、数据传输分站、无线数据收发机以及围岩位移计、锚杆(索)载荷计、钻孔应力计等观测仪器组成的传感器构成。监测数据通过无线模块传送到无线数据收发机,收发机与井下监控基站可以无线双向通信,将采集到的监测数据处理后,通过传输线路上传到井上地面;电源箱为井下监控基站提供本质安全型电源;通信适配器通过 RS-232 接口与监控主机相连接;监控分析软件对监测数据进行分析处理、显示和打印。

9.2　在线监测内容

巷道矿压显现在线监测分为综合监测和日常监测。综合监测的目的是验证和修正巷道支护初始设计,评价和调整支护设计;日常监测的目的是及时发现矿压异常情况,并采取必要措施,以保证巷道安全。综合监测的主要内容包括巷道表面位移、深部围岩位移、顶板离层、锚杆(索)载荷、钻孔围岩应力监测等;日常监测的主要内容包括顶板离层、锚杆(索)载荷、钻孔围岩应力监测等。

(1) 顶板离层监测

每个观测站在巷道顶板中心位置间隔 2 m 安装 2 台顶板离层传感器,通过离层传感器监测顶板离层量。根据监测数据确定顶板变形、离层情况以及顶板破坏范围,确定现有支护方式和支护参数是否能够保持巷道围岩稳定,并对巷道安全等级进行评价。

(2) 锚杆(索)载荷监测

每个观测站在巷道断面的顶板和两帮锚杆位置安装 1～2 组锚杆(索)载荷传感器,通过传感器监测巷道锚杆(索)载荷的变化情况,依据锚杆(索)载荷变化规律,确定巷道围岩的稳定性,优化锚杆(索)支护参数。

(3) 钻孔围岩应力监测

巷道掘出支护后,在巷道支护与围岩相互作用过程中,围岩应力发生变化。通过在巷道两帮深部围岩内埋设的钻孔应力传感器,监测不同观测站和不同深度观测点巷道围岩应力值,确定巷道围岩应力变化规律,为确定巷道围岩的稳定性、评价支护效果等提供基础参数。

9.3　在线监测设备和监测方案

巷道矿压显现在线监测主要通过围岩位移监测和围岩载荷监测两种方法进行。目前巷道围岩位移监测的主要内容包括巷道表面位移和深部围岩位移。其中巷道表面位移主要有顶底板相对移近量、两帮相对移近量、顶板下沉量、底鼓量和巷帮位移量等。巷道表面位移采用巷道表面位移传感器进行在线监测。目前我国已经研究出了多种型号和不同功能的巷道表面位移自动监测传感器,但多数仪器处于室内设计和现场工业性试验阶段。巷道深部围岩位移主要采用钻孔位移传感器进行在线监测。

目前巷道矿压显现在线监测主要包括顶板离层在线监测、锚杆(索)载荷在线监测和钻孔围岩应力在线监测。

9.3.1　顶板离层在线监测

（1）顶板离层传感器结构和工作原理

顶板离层传感器是一种检测顶板岩层移动的专用监测仪器,可以显示锚杆锚固区内、外顶板岩层的离层情况。顶板离层传感器由刻度尺、铭牌、变送器、钢丝绳紧固螺丝、托盘、固定管以及基点等组成,其结构示意图如图 9-2所示。

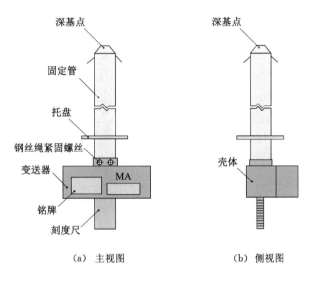

图 9-2　顶板离层传感器结构示意图

顶板离层传感器的工作原理是将位移转化成电信号输出。该传感器采用基点位移测量方法,首先在顶板上打一钻孔,在钻孔内布置两组基点,当顶板发生运动时,基点的位置也发生变化,基点由钢丝绳牵引传感器内的机械部件运动,传递出电压信号。基点的运动属于直线位移变化,传感器的机械结构将直线位移的运动转换成角位移的旋转运动,旋转部件连接角位移传感器,角位移传感器输出与角度相对应的电压信号,电压信号被单片电路采集转换和显示数据,并通过总线接口将数据发送到上位分站。

目前国内顶板离层仪型号较多,主要有 GUD500 矿用数显顶板离层仪、ZKBY-2/3 型顶板离层仪、GWL150(A)型数显顶板离层仪、LBY-2H 型顶板离层监测指示仪等。该类观测仪器主要技术参数如表 9-1 所示。顶板离层监测数据记录表如表 9-2 所示。

表 9-1　矿用数显顶板离层仪技术参数

型号	量程 /mm	测量范围/m	分辨率 /mm	测量精度	显示方式	电源	防爆形式	生产厂家
GUD500	0～300	8～10	0.1	1%	LED	DC 3.6 V	本质安全型 Exib I	山东恒安电子科技有限公司
GWL150(A)	0～150		0.1	误差≤±3.0 mm	LED	DC 6 V 50 mA	本质安全型 Exib I	山东升信矿山设备有限公司

表 9-2　顶板离层在线监测数据记录表

测点编号	深基点 A/mm	浅基点 B/mm	离层量/mm	安装位置/m	观测时间 年-月-日-时
1#					
2#					
3#					
...					

（2）观测站布置和观测内容

通常在深部巷道掘进过程中,每间隔 50 m 安装一组（2 个）顶板离层传感器。每个钻孔设置 2 个基点（即深基点和浅基点）,通过 2 个基点位移的变化确定顶板离层范围和离层量。当巷道地质构造和围岩结构发生变化时,应增加观测站和观测点的数量。顶板离层传感器具有现场显示、声光报警功能。

9.3.2　锚杆(索)载荷在线监测

（1）锚杆(索)载荷传感器结构和工作原理

锚杆(索)工作载荷(锚固力)采用锚杆(索)载荷传感器进行在线连续监测。锚杆(索)载荷传感器由紧固螺钉、穿孔、接线盒、应变环、导向盘、外壳、信号电缆等组成,其设备实物和结构示意图如图 9-3 和图 9-4 所示。该传感器主要用于煤矿巷道顶板和两帮锚杆的受力监测。

锚杆(索)载荷传感器采用高精度应变测量技术,具有测量应力和数据传输等功能。传感器将载荷传递到应变环上产生变形,应变环将变形量转换成电压信号,并由变送器转换为通信信号传输到上级分站。

目前锚杆(索)载荷传感器型号主要有 GPD450M、GMY400 和 GMY300 型锚杆(索)载荷传感器,有关技术参数如表 9-3 所示。

图 9-3　锚杆(索)载荷传感器

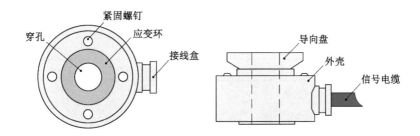

图 9-4　锚杆(索)载荷传感器结构示意图

表 9-3　矿用锚杆(索)载荷传感器技术参数

型号	测量范围 /kN	分辨率 /kN	输出信号	工作电压	防爆形式	生产厂家
GPD450M	0~450	0.1	RS-485 2 400 bps	DC 18 V	本质安全型 Exib I	山东恒安电子科技有限公司
GMY400	0~400	测量误差 ±4.0%	0~2.5 V	DC 5 V	本质安全型 Exib I	泰安市九方矿山设备有限公司
GMY300	0~300	1.0		DC 3.6 V	本质安全型 Exib I	山东安达尔感知矿山装备有限公司

　　锚杆(索)载荷传感器采用穿孔固定安装。传感器穿孔直径为 25 mm,导向盘的穿孔直径依锚杆直径确定。传感器安装在锚杆托盘的紧固螺母之间。传感器安装时要注意居中,偏离中心安装会造成一定的测量误差。

　　(2)观测站布置和观测内容

　　根据巷道地质构造和围岩结构变化情况,确定锚杆工作载荷观测站地点和观测点布置。通常在巷道掘进区域,每间隔50 m安装一组(2个)锚杆(索)载荷传感器,安装在顶板锚杆上。通过传感器在线监测锚杆受力变化情况,监测数据记入记录表(见表9-4),依据锚杆锚固力变化规律判断巷道围岩的稳定性。

表9-4 锚杆(索)载荷在线监测数据记录表

观测站编号	锚杆编号	初始应力/kN	观测应力/kN	安装位置/m	观测时间年-月-日-时
A	1#				
	2#				
B	1#				
	2#				
C	1#				
	2#				
...					

9.3.3 钻孔围岩应力在线监测

(1)钻孔围岩应力传感器结构和工作原理

巷道围岩应力采用钻孔围岩应力传感器(简称钻孔应力传感器)进行在线连续监测。通过围岩应力的监测,可以直接得到深部煤岩体的采动应力,观测结果作为研究煤层开采引起围岩采动应力分布和围岩变形运移规律的重要依据。

围岩应力传感器由油压枕、采集器、KJ10阴接头以及信号电缆等组成,其设备实物和结构示意图如图9-5和图9-6所示。

图9-5 钻孔应力传感器

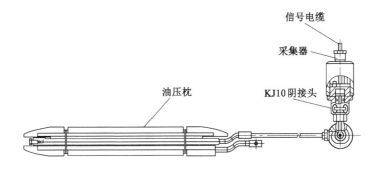

图 9-6　钻孔应力传感器结构示意图

　　钻孔应力传感器是利用压力形变转换弹性部件(弹性体)进行测量,压力作用到弹性体的工作膜上,使弹性体的工作膜产生形变;工作膜上粘贴有应变片(圆膜片),当应变计电桥失去平衡时,输出电压信号;依据电压信号的大小,确定传感器上的压力值。

　　钻孔应力传感器型号主要有 GZY25 矿用本安型钻孔应力传感器、GZY20 矿用本安型钻孔应力传感器、JC03-GZY25 矿用本安型钻孔应力传感器。矿用钻孔应力传感器技术参数如表 9-5 所示。

表 9-5　矿用钻孔应力传感器技术参数

型号	测量范围 /MPa	分辨率 /MPa	输出信号	工作电压	防爆形式	生产厂家
GZY25	0~25	0.1	RS-485 2 400 bps	DC 18 V	本质安全型 Exib I	山东恒安电子科技有限公司
GZY20	0~20	0.1		DC 3.6 V	本质安全型 Exib I	山东安达尔感知矿山装备有限公司

　　(2) 观测站布置和观测内容

　　根据巷道地质构造和围岩结构变化情况,确定围岩应力监测地点和观测点布置。通常巷道每间隔 30 m 安装一组(2 个钻孔)围岩应力传感器,每个钻孔包括深、浅基点 2 个传感器。围岩应力监测数据记录表如表 9-6 所示。

表 9-6　围岩应力监测数据记录表

测点编号	安装位置/m	安装深度/m	初始压力/MPa	观测压力/MPa	观测时间年-月-日-时
1#					
2#					
3#					
...					

（3）围岩应力传感器安装方法和注意事项

在巷道内垂直于巷帮施工钻孔,钻孔直径 42 mm;将钻孔应力传感器分别安装到设计深度处,2 台传感器间隔 1~2 m;用手动泵对传感器加压到额定初始压力,作为传感器的初始读数,该值与垂直方向地应力相近。围岩应力传感器在安装与使用的过程中注意以下事项:

① 钻孔。按照油压枕组件要求施工钻孔,钻孔直径 50~70 mm。钻孔直径过大时,传感器不能与煤岩体充分接触,直接影响观测效果;钻孔直径过小时,传感器安装不进去。钻孔孔深应满足监测设计的要求。钻孔施工时,为便于安装传感器,应尽量钻直,避免蛇形孔。钻孔完成后应立即清除孔内的碎渣。

② 安装油压枕组件。使用安装杆将油压枕送入钻孔内,让油压枕的上、下盘紧贴着钻孔内壁,使应力的变化能够及时传递在油压枕上。将仪表盘置在紧贴岩壁的附近,便于读数。

③ 井下测量。围岩应力传感器安装后,按照监测要求在不同时间进行数据采集,同时记录传感器与正在掘进工作面（迎头）之间的距离。通过绘制煤岩体应力变化曲线,可以分析巷道围岩应力变化规律。

9.4　观测要求

9.4.1　观测频度

（1）岩巷距掘进工作面 100 m 内,综合监测站仪器与日常监测顶板离层传感器的观测频度应不少于 1 次/d。

（2）煤层大巷距掘进工作面 50 m 内,综合监测站仪器与日常监测顶板离层传感器的观测频度应不少于 1 次/d。

（3）回采巷道距掘进工作面 50 m 内,综合监测站仪器与日常监测顶板离层传感器的观测频度应不少于 1 次/d。

（4）在以上 3 种规定范围以外，观测频度可为 1 次/周，如果顶板离层有明显增长，则视情况增加观测频度。

9.4.2 数据处理分析

（1）及时分析和处理综合监测数据，进行信息反馈，并提交巷道矿压显现在线监测报告；

（2）掘进作业规程应根据监测报告做相应修改，经审批通过后实施，并继续进行综合监测。

（3）日常监测顶板离层量超过顶板离层临界值时，应及时分析原因，并采取补强加固措施。

（4）当发现巷道矿压出现异常情况，监测人员应立即向矿井技术科和技术主管部门汇报，并分析出现异常的原因及危害，提出处理办法并及时组织落实。

9.5 小结

巷道矿压显现在线监测为连续动态监测，通过计算机监测巷道围岩和支护构筑物的位移、载荷(压力)等信息，为巷道围岩控制提供技术支撑。因此，巷道矿压显现在线监测技术是实现巷道动态支护设计、围岩稳定性动态评价和及时修改初始设计的技术保障，在我国煤矿安全生产中具有广泛的应用前景。

本章以 KJ 型煤矿顶板动态监测系统为例，阐述了中平施工法深部巷道矿压显现在线监测系统的工作原理与组成、监测内容和监测设备；重点介绍了巷道顶板离层、锚杆(索)载荷、钻孔围岩应力在线监测传感器的结构和工作原理；最后明确了巷道矿压在线监测观测站布置、观测要求以及观测数据的分析和处理。

10 平煤八矿硐室支护现场工业性试验

10.1 平煤八矿概况

平顶山天安煤业股份有限公司八矿简称平煤八矿,位于河南省平顶山市区东北部。平煤八矿井田位于平顶山煤田东部,井田范围东至沙河,西至平行于20勘探线东500 m,与十矿、十二矿毗邻;南部以各煤层露头线为界,其中西南部丁、戊组煤与郊区吕庄矿、兴东矿为界,深部至李口向斜轴部。井田东西走向长度12.5 km,南北倾斜宽度3.36 km,井田面积约41.42 km²。

平煤八矿井田东部和南部为开阔的冲积-洪积平原,冲积层厚度为300～400 m,地面标高为+75～+80 m;北部为丘陵及山地,由紫红色石千峰砂岩和灰白色平顶山砂岩组成,呈北西-南东走向,地面标高为+200～+399.5 m,相对高差为130～305 m,最大坡度为40°,山区沟谷发育,地形复杂,呈西北高、东南低的地势。

平煤八矿设计生产能力为300万 t/a,1966年12月开工建设,1984年12月全面建成投产。2003年矿井年产量达到313万 t,2012年和2014年矿井年产量分别为395万 t和360万 t。2015年矿井核定生产能力为390万 t/a。

平煤八矿井田采用立井多水平上下山开拓方式。第一水平标高为−420 m,第二水平标高为−693 m。目前矿井正处于第一水平向二水平过渡时期,第一水平为生产水平,第二水平为准备水平。第一水平现有丁一、丁四、戊四、己三、己三扩大和己四采区共6个生产采区。接替的第二水平规划了戊一、戊二、己一、己二和丁二采区共5个采区,其中戊一采区已经移交投产,己一采区正在施工准备。

平煤八矿井田可采煤层分别赋存于石炭系太原组、二叠系山西组以及上下石盒子组。井田内主要可采煤层为丁$_{5-6}$、戊$_{9-10}$、己$_{15}$和己$_{16-17}$四层,如表10-1所示。四层主采煤层总厚度为11.62 m,可采系数为1.47%,煤层倾角为5°～32°。丁$_{5-6}$与戊$_{9-10}$煤层层间距约为86 m,戊$_{9-10}$与己$_{15}$煤层层间距约为165 m,己$_{15}$与己$_{16-17}$煤层层间距为0～13 m。

表 10-1   井田可采煤层特征表

煤层名称	煤种	煤层层间距 /m	煤层厚度 /m	平均厚度 /m	煤层储量 /万 t
丁$_{5-6}$	1/3 焦煤	—	0.31～3.84	1.75	3 496.3
戊$_{9-10}$	肥煤	86	0.50～11.39	3.66	11 165.8
己$_{15}$	焦煤	165	0.65～11.30	3.49	13 698.1
己$_{16-17}$	焦煤	6.5	0.34～6.19	1.71	8 800.9

矿井采用走向长壁后退式采煤法,一次采全高回采工艺,全部垮落法管理顶板。掘进工作面采用综掘工艺。

10.2   硐室位置和支护现状

10.2.1   绞车房硐室位置

平煤八矿一水平丁四采区轨道下山上部绞车房硐室简称绞车房硐室,位于丁组石门大巷一侧,处于丁$_{5-6}$主采煤层顶板,距煤层顶板约 10 m。绞车房硐室布置如图 10-1 和图 10-2 所示。绞车房硐室受轨道大巷和两侧丁$_{5-6}$-14180、丁$_{5-6}$-14190 工作面的采动影响,丁$_{5-6}$煤层顶底板岩层综合柱状如图 10-3 所示。硐室顶板为 6 m 厚度砂质泥岩,底板为 4～5 m 厚度砂质泥岩夹杂泥岩,两帮为 4 m 厚度的泥岩。因此,绞车房硐室顶板、两帮和底板岩层均属于遇水软化和强风化岩层。

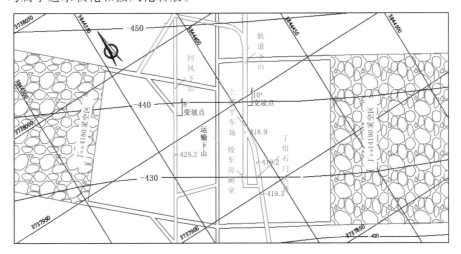

图 10-1   绞车房硐室布置平面图

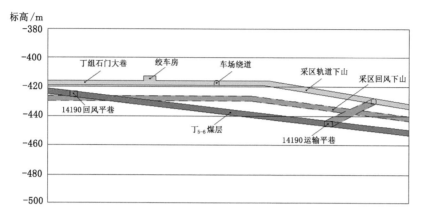

图 10-2 绞车房硐室布置剖面图

岩层厚度 /m	柱状图	岩石名称	岩性简述
$\dfrac{3.00\sim5.00}{4.00}$		中粒砂岩	灰白色,上部为青色,钙质胶结 块状构造
$\dfrac{15.00\sim18.20}{16.00}$		砂质泥岩	灰色,中部夹薄层细粒砂岩,底 部有 0.5 m 煤线
$\dfrac{4.30\sim7.10}{5.00}$		中粒砂岩	灰白色,下部为青色
$\dfrac{4.78\sim7.61}{6.00}$		砂质泥岩	灰绿色,下部为铝土质泥岩
$\dfrac{2.57\sim5.37}{4.00}$		泥岩	灰绿色,局部有紫色斑块
$\dfrac{5.30\sim7.93}{6.00}$		砂质泥岩	灰黑色,夹杂泥岩等
$\dfrac{4.87\sim8.32}{5.00}$		砂质泥岩	灰黑色,含植物化石,下位节理 发育,含黄铁矿及煤屑
$\dfrac{0.97\sim2.89}{2.00}$		丁$_{5-6}$煤层	黑色,块状及粉末状,局部缺失
$\dfrac{15.98\sim23.56}{18.00}$		砂质泥岩	砖灰色,顶部含植物根部化石, 下部为灰绿色

图 10-3 丁$_{5-6}$煤层顶底板岩层综合柱状图

绞车房硐室采用直墙半圆拱形断面,硐室宽度为 5.8 m、高度为 5.28 m、长度为 9 m,埋深为 585 m。硐室围岩以泥岩、砂质泥岩为主,强度较低且层理发育,属于较典型的深部工程软岩。

绞车房硐室原支护形式为锚喷网支护,在原岩应力作用下,硐室处于稳定状态;当两侧丁$_{5-6}$煤层采空以后,在煤柱支承压力作用下,硐室变形加剧,主要表现为顶板下沉、底板底鼓严重和两帮开裂,局部变形比较严重的部位,两帮移近量达到 1.0 m,顶板下沉量和底板底鼓量均超过 0.5 m,断面利用率低,影响硐室的正常使用,硐室出现了翻修-破坏-再翻修的恶性循环。因此,对硐室围岩进行钢丝绳网锚注支护翻修处理,提高围岩自身承载能力具有重要意义。

10.2.2 硐室变形破坏特征及原因

10.2.2.1 硐室变形破坏特征

硐室开挖破坏了围岩的原始应力平衡状态,硐室围岩岩体应力重新调整,使硐室围岩应力达到新的平衡。在这一变化过程中,硐室围岩岩体中出现了破裂缝,破裂缝不断发育、延展贯通,在硐室附近形成了一定范围的破裂区,即围岩松动区(圈)。围岩松动圈是反映硐室围岩稳定性的重要指标,围岩松动圈范围越大,硐室围岩稳定性就越差,硐室变形破坏越严重,支护就越困难。

对绞车房硐室变形破坏情况的现场调研结果如图 10-4 所示,可以看出硐室变形破坏较为严重,主要表现在三个方面:① 硐室两帮移近量大,起重梁弯曲,顶板冒顶,锚杆脱锚、脱落,金属网破断;② 硐室两帮混凝土喷层有开裂现象,尤其硐室肩窝部位开裂垮落较为严重,局部混凝土喷层脱皮掉落;③ 硐室底鼓严重,影响绞车房硐室绞车的正常运行,需要停产检修。

图 10-4　翻修前绞车房硐室变形状况

10.2.2.2 硐室变形破坏原因

绞车房硐室变形破坏原因为:① 工作面开采对附近巷道(硐室)造成重大影响。绞车房硐室两侧受丁$_{5-6}$煤层14180工作面和丁$_{5-6}$煤层14190工作面开采的影响,工作面前方支承压力对硐室整个服务年限的稳定性产生重大影响;当硐室两侧丁$_{5-6}$煤层采空以后,在煤柱支承压力作用下,硐室变形加剧。② 绞车房硐室底板为4.0~5.0 m厚的砂质泥岩夹杂泥岩,两帮为4.0 m厚泥岩,顶板为6.0 m厚砂质泥岩,硐室顶板、两帮和底板岩层均属于遇水软化和强风化岩层,因此,在围岩软弱、深部较高自重应力情况下,硐室底板发生剪切滑移破坏而形成底鼓,两帮发生片帮破坏,顶板出现下沉现象。③ 相邻大巷与绞车房硐室中心线距离为9 m,属相互影响范围之内,大巷开挖后,绞车房硐室围岩变形量、塑性区有显著增加,因此认为大巷的开挖对绞车房硐室围岩稳定性影响较大。

基于绞车房硐室变形破坏的现状,需要对硐室进行翻修,决定采用"喷浆＋钢丝绳网＋锚杆＋卸压槽＋注浆"联合支护(简称钢丝绳网锚注支护),提高硐室围岩自身承载能力和稳定性,满足硐室使用的要求。

10.3 硐室翻修支护设计

针对绞车房硐室所处的工程地质条件,提出采用钢丝绳网锚注支护方式。以多分层钢丝绳为经纬网形成钢丝绳网混凝土强韧封层;通过开挖硐室两底脚卸压槽,实现底板卸压;通过围岩注浆加固,提高硐室围岩自身强度,为锚杆提供可靠的锚固着力点,充分发挥锚杆的锚固作用,有效防止围岩风化,提高围岩自承能力。绞车房硐室翻修支护设计断面如图10-5所示。

该支护设计是一个多层、多结构和多单元的支护体系,设计原则如下:

(1)对部分软弱岩体,特别是关键部位的极软弱岩体进行合理置换,保证施工断面大于设计断面。

(2)以多层钢丝绳为经纬网形成高度密贴岩面的钢丝绳网强韧封层,以强韧封层结构作为止浆层进行壁后注浆。

(3)在硐室关键部位(硐室两底脚)开挖卸压槽,达到释放围岩应力和增加岩体裂隙的目的,为后期进行围岩注浆、浆液扩散和提高注浆效果服务。

(4)向绞车房硐室帮部和顶部围岩体内压注高强度水泥浆液,将松散软弱的煤岩体胶结成整体,提高硐室围岩强度。

(5)通过多层锚杆、钢丝绳网和注浆胶结加固后,围岩自身强度和承载能力显著提高,能够确保硐室的长期稳定。

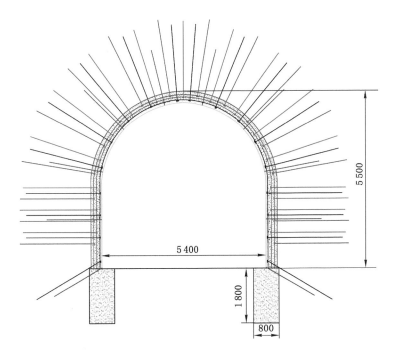

图 10-5　硐室翻修支护断面图

10.3.1　金属锚杆

（1）锚杆：采用 KMG22-600 高强度左螺旋无纵肋金属锚杆，直径22 mm，长度2 400 mm；三层顶板和两帮锚杆间排距均为 700 mm×700 mm，误差±100 mm。

（2）托盘：采用直径 150 mm、厚度 10 mm 的鼓芯托盘或 150 mm×150 mm×10 mm 的厚鼓芯方（蝶）形托盘。

（3）锚固剂：每根锚杆用两支 CK2550（K2850）锚固剂。

（4）钢丝绳选型：将直径 15～25 mm 废旧矿用钢丝绳加工处理后进行分股。主绳取其中 2 单股搓揉成一根，套在锚杆上并紧压在锚杆托盘下，接头采用交叉搭接，搭接长度大于等于 800 mm；副绳（穿在主绳中间的）单股一根。挂锚杆的绳为主绳，各层主绳间排距均为 700 mm×700 mm；最后一层在主绳间距内均布穿插副绳，网格约为 230 mm×230 mm。

（5）开挖卸压槽：各层锚杆及挂绳作业均完成后开挖卸压槽。在硐室两底脚，采用风镐开挖卸压槽。围岩卸压后，卸压槽用喷浆回弹料充填，当回弹料不足以充填时，利用喷射混凝土充填，严禁用松散矸石和碎煤充填。卸压槽尺寸宽度800 mm,深度1 800 mm。

10.3.2 注浆锚杆

采用电液注浆泵,额定排量25 mL/r,注浆压力可达到1.5～4.0 MPa,额定转速1 800 r/min。注浆泵型号YCY14,如图10-6所示;注浆锚杆直径20 mm,长度1 800 mm,钻孔深度为2.5～3.5 m,其中钻孔深部为裸孔,便于浆液的扩散,如图10-7所示。

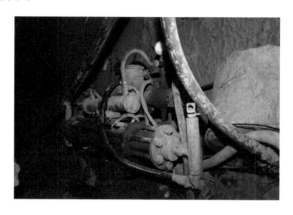

图 10-6   注浆泵

图 10-7   自闭式注浆锚杆

自闭式注浆锚杆结构如图10-8所示。注浆锚杆工作原理为:① 当注浆管置入围岩注浆钻孔后,外置橡胶套管通过扳手扭紧螺母,使橡胶套管膨胀与围岩紧密咬合,使注浆管不易脱落,达到自身密封的目的,从而适合高压浆液注入;② 高压水泥浆液注入注浆锚杆时,浆液通过套管后推动垫圈向后移动,这时注浆管处于打开状态,水泥浆液通过注浆管上的注浆孔均匀地注入注浆管所处注浆孔围岩中,从而起到胶结破碎围岩、提高围岩强度的作用;③ 套管内部有活塞轴,垫圈贴在活塞轴的管口,注浆浆液从活塞轴的中空管内流过。

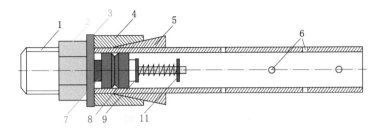

1—注浆管;2—螺母;3—外垫圈;4—外置橡胶套管;5—锥套;6—注浆孔;
7—活塞轴;8—套管;9—垫圈;10—弹簧;11—挡板。
图 10-8 自闭式注浆锚杆结构示意图

根据现场实际情况,绞车房硐室支护以后,围岩进行第一次浅孔注浆。浅孔注浆锚杆规格为 $\phi22$ mm×1 800 mm,间排距为 1 500 mm×1 500 mm。待浆液凝固以后,对围岩进行第二次深孔注浆。深孔注浆锚杆规格为 $\phi22$ mm×2 200 mm,间排距为 1 500 mm×1 500 mm,注浆孔孔深为 2 500~3 500 mm,其中超出注浆锚杆长度以里的部分为裸孔部分。注浆按照硐室整个断面顺序进行,即先底板,后两帮,最后顶板围岩。每个硐室断面注浆锚杆数为 19 根。锚杆与围岩表面垂直,其中底脚注浆锚杆下扎角度为 30°~45°。混凝土喷层采用强度等级为 42.5 的普通硅酸盐水泥,初喷层厚度为 80 mm,复喷层厚度为 70 mm。二次注浆锚杆布置如图 10-9 所示。

(1) 注浆液材料和配比

根据实验室试验结果和井下硐室围岩特性,注浆液材料选用与煤岩黏结性好、结石率高、流动性好且成本低廉的水泥胶结料。选用强度等级为 42.5 水泥,注浆液水灰比为 0.7∶1。注浆液采用人工上料,机械自动搅拌。

(2) 注浆量

由于硐室围岩吸浆量差别较大,所以注浆以有效加固围岩为目的,要求达到一定的扩散半径。第一次注浆的注浆量控制在 200~300 kg/孔为限,围岩不出现漏浆、跑浆现象;第二次注浆的注浆量控制在 150~200 kg/孔为限。

(3) 注浆时间和注浆压力

硐室围岩实施二次注浆进行加固。第一次浅部围岩注浆主要充填固结大-中型张拉结构面或弱面。当翻修硐室围岩移近速度小于 0.25 mm/d,围岩变形趋于稳定以后,实施第二次深部围岩注浆。第二次注浆主要充填固结深部围岩较大结构面和浅部微-小型裂隙。每孔注浆时间一般取决于注浆量和注浆终压的要求,注浆时间控制在每 20~30 min 注一个孔。

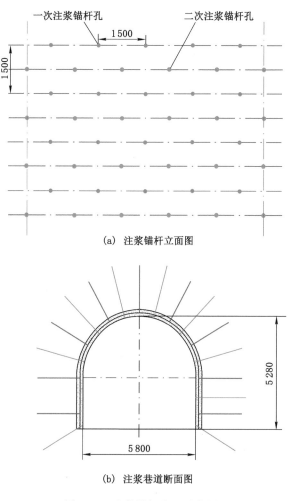

(a) 注浆锚杆立面图

(b) 注浆巷道断面图

图 10-9　注浆锚杆布置示意图

　　根据现场注浆试验,第一次注浆压力控制在 2.0～2.5 MPa,其中底脚围岩的注浆压力高于顶板和两帮围岩的注浆压力,一般控制在 3.0～3.5 MPa。第二次注浆压力高于第一次注浆压力,注浆终压控制在 3.5 MPa。

10.4　硐室翻修支护施工工艺

　　利用风钻将绞车房硐室两帮和顶板围岩刷扩到设计断面以后,采用钢丝绳网锚注支护进行翻修,施工工艺如下:

（1）硐室由外向里进行修复，全断面刷扩，刷出毛断面后实施第一次喷浆，混凝土喷层厚度为 80 mm，初凝后打第一层锚杆，锚杆采用 ϕ22 mm×2 400 mm，间排距为 700 mm×700 mm，挂第一层钢丝绳网（无副绳），钢丝绳套在锚杆上并紧压在锚杆托盘下。

（2）实施第二层喷浆，混凝土喷层厚度为 80 mm，待初凝后打第二层锚杆，锚杆采用 ϕ22 mm×2 400 mm，间排距为 700 mm×700 mm，挂第二层钢丝绳网（无副绳），钢丝绳套在锚杆上并紧压在锚杆托盘下。

（3）实施第三层喷浆，混凝土喷层厚度为 80 mm，待初凝后打第三层锚杆，锚杆采用 ϕ22 mm×2 400 mm，间排距为 700 mm×700 mm，挂第三层钢丝绳网，钢丝绳（主绳）套在锚杆上并紧压在锚杆托盘下，主绳间距内均布穿插一股副绳（即单绳），网格约为 350 mm×350 mm。各层锚杆和钢丝绳布置示意图如图 10-10 所示。

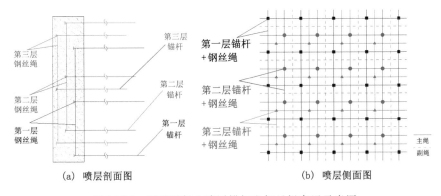

图 10-10 硐室混凝土喷层锚杆和钢丝绳布置示意图

（4）各层打锚杆及挂绳作业均完成后，在硐室底脚开挖卸压槽，卸压 5～10 d 或者硐室两帮移近量达到 100 mm 后，对硐室顶板和两帮进行第四次喷浆，喷浆厚度为 60 mm。卸压槽用喷浆回弹料充填，回弹料不足时，严禁用松散矸石和碎煤充填。

（5）打第一层注浆锚杆，安装注浆锚杆，注浆锚杆采用 ϕ22 mm×1 800 mm，间排距为 1 500 mm×1 500 mm，进行第一层浅部围岩注浆，先注底脚围岩，后注两帮围岩，最后注顶部围岩。

（6）当翻修硐室围岩移近速度小于 0.25 mm/d，围岩变形趋于稳定以后，实施第二次深部围岩注浆。

注浆施工工艺流程如图 10-11 所示。硐室围岩注浆时采取自下而上、左右两侧顺序作业，一个钻孔或多个钻孔同时注浆，注完一排后，再注下一排。

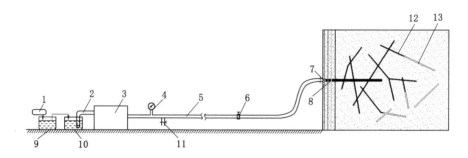

1—水泥和水;2—吸浆管路;3—注浆泵;4—压力表;5—高压胶管;6—阀门;

7—止浆阀;8—注浆锚杆;9—拌浆桶;10—贮浆桶;11—回浆管;12—浆液;13—围岩裂隙。

图 10-11　注浆施工工艺流程图

注浆试验的现场统计结果表明,绞车房硐室二次注浆结束以后,每个注浆孔的平均注浆量约 400 kg 水泥。注浆施工时,浆液随围岩裂隙发育程度不同,注浆孔浆液扩散半径变化较大,平均扩散半径为 1.5~2.0 m。

10.5　硐室矿压观测

10.5.1　硐室表面围岩变形观测

2016 年 5 月,平煤八矿绞车房硐室在采用钢丝绳网锚注支护翻修施工以后,对硐室支护断面进行位移观测,观测硐室长度为 9 m。采用"全断面十字法"在绞车房硐室布置 3 个围岩变形观测站(如图 10-12 所示),观测硐室两帮移近量、顶板下沉量和底鼓量,观测结果如图 10-13 所示。

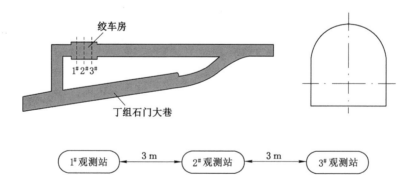

图 10-12　硐室围岩变形观测站布置示意图

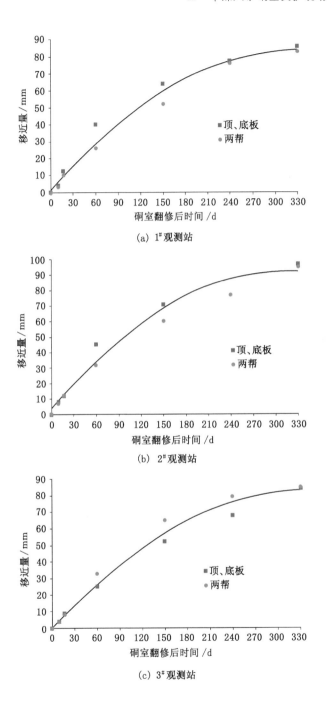

(a) 1#观测站

(b) 2#观测站

(c) 3#观测站

图 10-13 不同观测站硐室围岩移近量与观测时间之间关系

绞车房硐室翻修施工以后,经过近 1 年的矿压观测,不同观测站硐室围岩移近量观测结果如表 10-2 所示。

表 10-2   不同观测站硐室围岩移近量观测结果

观测站	观测结果	硐室翻修后时间/d						
		0	10	17	60	150	240	330
1#	顶底板移近量/mm	0	4	12	40	64	77	86
	两帮移近量/mm	0	3	10	26	52	76	83
2#	顶底板移近量/mm	0	8	12	45	71	77	97
	两帮移近量/mm	0	7	12	32	60	77	95
3#	顶底板移近量/mm	0	4	9	25	52	68	84
	两帮移近量/mm	0	4	8	33	65	79	85

图 10-13 所示的绞车房硐室矿压观测结果表明,硐室翻修以后,经过近 1 年矿压观测得出:1# 观测站两帮移近量 83 mm,平均移近速度 0.25 mm/d;顶板下沉量 20 mm,平均下沉速度 0.06 mm/d;底板底鼓量 66 mm,平均底鼓速度 0.20 mm/d。2# 观测站两帮移近量 95 mm,平均移近速度 0.29 mm/d;顶板下沉量为 27 mm,平均下沉速度 0.08 mm/d;底板底鼓量 70 mm,平均底鼓速度 0.21 mm/d。3# 观测站两帮移近量 85 mm,平均移近速度 0.26 mm/d;顶板下沉量 23 mm,平均下沉速度 0.07 mm/d;底板底鼓量 61 mm,平均底鼓速度 0.18 mm/d。

由此可见,绞车房硐室采用钢丝绳网锚注支护翻修以后,硐室两帮移近速度为 0.25~0.29 mm/d;顶底板移近速度为 0.24~0.29 mm/d,其中顶板下沉速度为 0.06~0.08 mm/d,底鼓速度为 0.18~0.21 mm/d,硐室围岩移近速度较小。所以,绞车房硐室在翻修以后趋于稳定状态,达到了围岩控制的目的,实现了绞车房硐室围岩的长期稳定性。

10.5.2   硐室深部围岩裂隙观测

（1）观测站的选择

为了研究绞车房硐室深部围岩稳定状况,确定钢丝绳网锚注支护效果,需要对绞车房硐室支护断面和硐室围岩深部岩体变形破坏情况进行观测。为此,在硐室围岩内布置观测钻孔,以观测不同深度的岩体变形破坏情况。在绞车房硐室内布置 2 个观测断面,断面之间相距 3 m,每个断面布置 5 个观测钻孔,如图 10-14 所示。其中,1# 和 5# 钻孔布置在硐室两帮,孔口距底板高度 1.2 m,钻孔仰角为 3°~5°;2#、3# 和 4# 钻孔布置在硐室顶板,3# 钻孔位于拱顶位置,2#和4#钻孔位于拱肩位置;钻孔直径为42 mm,钻孔深度为8～10 m。

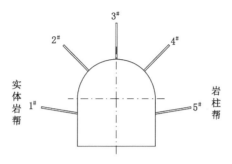

图 10-14　硐室观测钻孔布置示意图

（2）观测仪器

观测采用 SYKJ-19 型钻孔窥视仪,如图 10-15 所示。该仪器主要由主机、探头、电缆三部分组成。测试时将探头放入围岩钻孔中,探头自带光源照射孔壁上的摄像区域,通过镜头进行观测。该仪器为摄像模式,记录探测全过程,便于进一步分析围岩裂隙发育情况以及注浆效果。该仪器主要技术参数如下:① 探头直径 32 mm,钻孔直径 42 mm;② 探测距离:0～30 m;③ 显示屏:12 英寸液晶显示屏;④ 内存:4GB(内存可扩展),USB 接口;⑤ 可连续录制 4 h 以上;⑥ 电源:12.6 V 高性能可充电电池;⑦ 照明方式:冷光源,发光管式。

图 10-15　钻孔窥视仪

（3）观测方法

观测钻孔垂直于硐室围岩岩壁施工,每个钻孔施工结束以后及时清理孔内钻屑。将钻孔窥视仪探头与观测杆连接牢固,然后将探头缓缓送入钻孔内,通过延长观测杆将探头送达钻孔孔底。连接好探头与接收仪,打开接收仪显示屏,开始录像。从孔底开始每间隔0.5 m观测记录1次,直到孔口位置。同时对钻孔内不同位置钻孔裂隙发育和孔壁破坏形态、孔中阻塞物的形状以及孔口裂隙发育情况进行素描和记录说明。

(4)锚注支护注浆前硐室深部围岩观测

在绞车房硐室翻修前对硐室深部围岩裂隙发育情况进行现场钻孔窥视,观测结果如图10-16所示。由图可以看出:绞车房硐室实体岩帮帮部0～0.5 m深度之间岩体比较破碎,钻孔周围的孔壁呈现小碎块状;1.0～1.5 m深度之间钻孔孔壁出现掉皮现象;2.0～3.5 m深度之间钻孔内出现纵向、横向裂缝,由于岩层裂隙相当发育,钻孔中小的岩块、碎屑较多,在观测过程中就发生过数次岩块卡住探头的现象;4.0 m深度附近钻孔出现塌孔现象,探头难以进入钻孔,只能退出探头后重新进入窥视;4.5～8.0 m深度之间岩层比较完整。绞车房硐室岩柱帮帮部0～1.5 m深度之间岩体比较破碎,呈块体散状;2.0～3.0 m深度之间岩层裂隙比较发育,能清楚地看出岩体被多条纵向、横向裂隙贯穿;3.5～6.0 m深度之间岩层裂隙减少,仅仅出现一个环形裂缝;7.0～9.0 m深度之间岩体比较破碎,钻孔周围的孔壁呈现小碎块状。绞车房硐室顶板0～2.0 m深度之间岩体有掉皮现象;2.5～3.0 m深度之间钻孔内出现一条裂缝;3.5～8.0 m深度之间岩体比较完整。上述钻孔窥视结果说明绞车房硐室顶板比较完好,岩柱帮围岩破坏严重,实体岩帮破坏次之,围岩具有工程软岩的特性。

(5)注浆后硐室深部围岩观测

采用钢丝绳网锚注支护对硐室翻修以后,对硐室深部围岩裂隙发育情况进行现场钻孔窥视,观测结果如图10-17所示。由图可知:绞车房硐室实体岩帮帮部0～0.5 m深度之间岩体比较光滑完整;1.0～1.5 m深度之间钻孔孔壁有环形裂隙,裂隙内有浆液填充,无碎屑状岩块;2.0～2.5 m深度之间钻孔内无纵向、横向裂缝,能明显观察到钻头钻进留下的钻痕;3.0 m深度处钻孔内出现塌孔现象,塌落的岩体成泥状,影响到探头窥视;3.5～8.0 m深度之间钻孔内壁比较密实、完整、光滑。绞车房硐室岩柱帮0～1.5 m深度之间岩体比较破碎,呈块体和散体状;2.0～2.5 m深度之间岩层内有一条裂隙,裂隙内被浆液填充;3.0～8.0 m深度之间岩体比较完整、无裂缝,钻孔内壁比较完整、密实。绞车房硐室顶板0～2.5 m深度之间岩体比较破碎,呈块体和散体状,注浆浆液充满裂隙内部;3.0～8.0 m深度之间钻孔内壁比较密实、完整、光滑,有

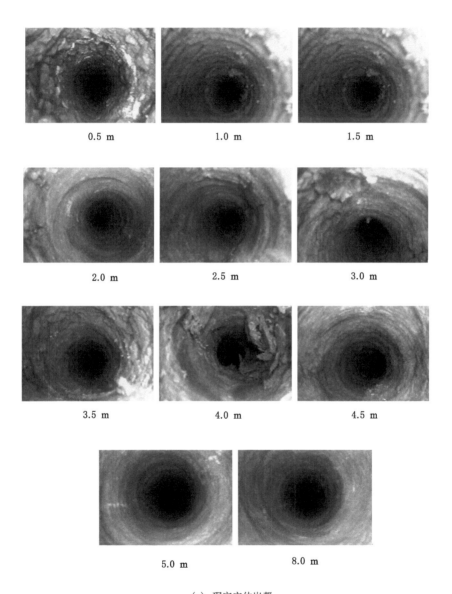

0.5 m   1.0 m   1.5 m

2.0 m   2.5 m   3.0 m

3.5 m   4.0 m   4.5 m

5.0 m   8.0 m

(a) 硐室实体岩帮

图 10-16 硐室翻修前围岩裂隙发育状况

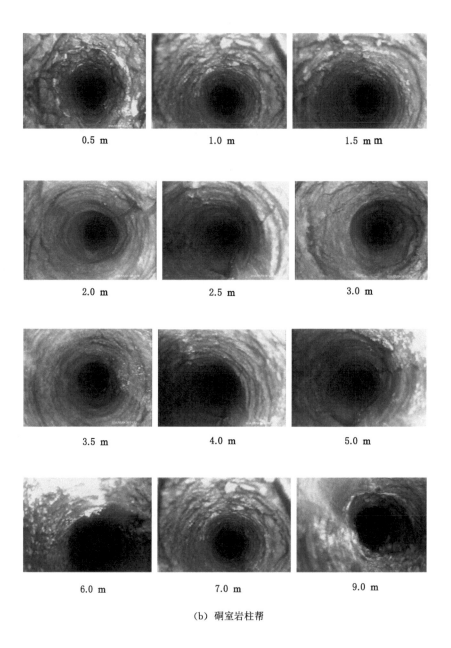

(b) 硐室岩柱帮

图 10-16(续)

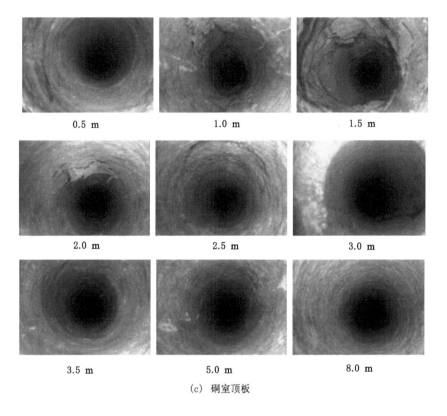

図 10-16(续)

个别窥视孔发现有微小原生裂隙,深部没有发现离层现象。上述窥视结果表明采用钢丝绳网锚注加固支护,绞车房硐室围岩的破坏深度明显减小;硐室浅部围岩裂隙内部充满注浆浆液,没出现较大的拉伸破坏与剪切破坏;锚杆锚固端位于稳定岩层中,对硐室围岩长期稳定起到关键作用;硐室深部围岩有微小原生裂隙,但没有发现离层现象。

由硐室翻修前后现场钻孔窥视仪窥视结果对比分析可知,绞车房硐室采用钢丝绳网锚注支护后,硐室附近工程软岩被注浆浆液胶结成一体,使硐室围岩浅部形成锚固体,提高了围岩的强度和承载能力,有效保证了硐室围岩的稳定性。

10.5.3 硐室翻修支护效果

2016 年 5 月绞车房硐室采用钢丝绳网锚注支护施工以后,对翻修硐室支护状况进行了现场观测。2017 年 6 月硐室支护状况如图 10-18～图 10-21 所

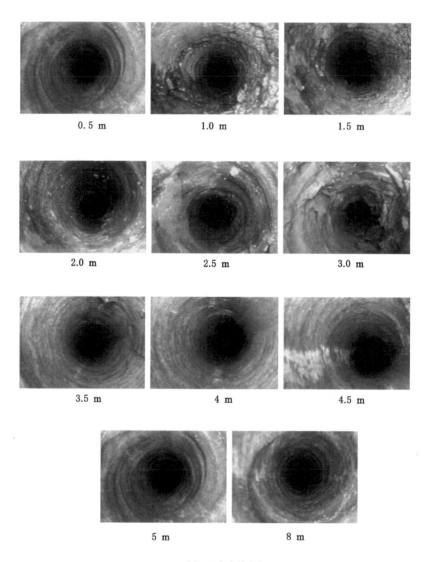

0.5 m   1.0 m   1.5 m

2.0 m   2.5 m   3.0 m

3.5 m   4 m   4.5 m

5 m   8 m

(a) 硐室实体岩帮

图 10-17　硐室翻修后围岩裂隙发育状况

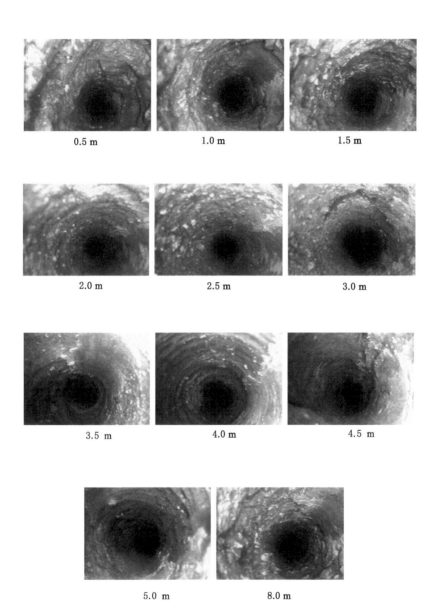

(b) 硐室岩柱帮

图 10-17(续)

深部井巷中平施工法及其"支护固"支护理论

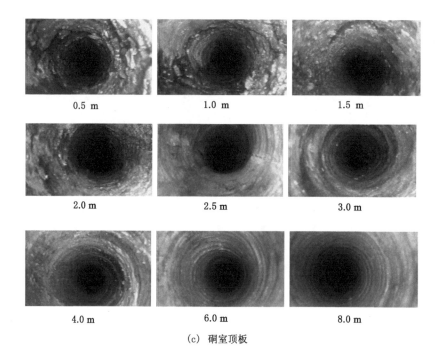

0.5 m   1.0 m   1.5 m

2.0 m   2.5 m   3.0 m

4.0 m   6.0 m   8.0 m

(c) 硐室顶板

图 10-17(续)

图 10-18 钢丝绳网锚注支护绞车房硐室

(硐室宽 6.5 m,起重梁高 3.3 m)

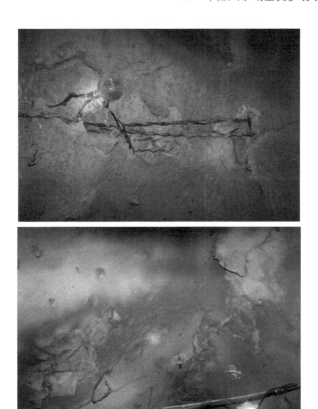

图 10-19 硐室两帮开裂脱皮

图 10-20 钢丝绳网锚注支护绞车房绳道

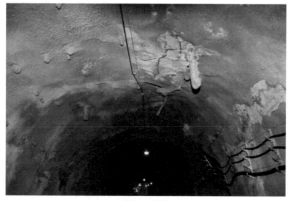

(a) 顶板

(b) 两帮

图 10-21 绞车房绳道顶板、两帮开裂和喷层脱皮

示,观测结果表明:采用钢丝绳网锚注支护翻修硐室,1 年以后硐室围岩处于稳定状态,满足硐室绞车正常运转的要求,翻修加固支护试验取得了成功。但硐室两帮和顶板局部出现混凝土喷层开裂、钢丝绳网外漏、喷层脱皮现象,说明目前采用的素混凝土喷层的抗变形性能较差,难以完全适应深部工程软岩巷道锚注支护的要求,建议今后采用变形性能较好的韧性混凝土喷层或橡胶混凝土喷层、钢纤维混凝土喷层等,以提高混凝土喷层的抗变形能力。

10.6 小结

根据平煤八矿绞车房硐室围岩岩性差、硐室变形破坏严重的状况,选择钢丝绳网锚注支护翻修硐室,进行现场工业性试验和矿压观测,取得如下研究结论：

（1）采用钢丝绳网锚注支护翻修以后，对硐室围岩表面收敛变形观测表明，硐室顶板下沉速度为 0.06～0.09 mm/d，两帮移近速度为 0.25～0.29 mm/d，底鼓速度为 0.18～0.21 mm/d，即硐室围岩变形速度较小且趋于稳定状态。因此，采用钢丝绳网锚注支护翻修方案，实现了对绞车房硐室围岩的有效控制，保证了硐室围岩的长期稳定性。

（2）钢丝绳网锚注支护前后钻孔窥视结果表明，注浆前裂隙发育，围岩松动破碎，塌孔严重；注浆后裂隙被浆液填充，孔内密实光滑，部分裂隙被压实。因此，围岩注浆能够有效地胶结围岩松动裂隙，使原来松动破坏的围岩重新胶结为一个整体，并在锚杆作用下形成锚注体，提高了围岩强度和自撑能力，从而取得良好的支护效果。

（3）对修复硐室近 1 年的矿压观测表明，硐室两帮和顶板局部出现混凝土喷层开裂、钢丝绳网外漏、喷层脱皮现象，说明目前采用的钢丝绳网混凝土喷层的抗变形性能较差，难以完全适应深部工程软岩巷道锚注支护的要求，建议今后采用变形性能较好的韧性混凝土喷层。

11　主要研究结论

　　目前平顶山矿区的多数大中型煤矿开采深度已经达到或超过 $600 \sim 800$ m,矿井实行煤层群多煤层开采,主采煤层的顶、底板大多为泥岩、砂质泥岩、粉砂岩等软弱岩层,即使较坚硬的砂岩层、石灰岩也属于深部工程软岩。巷道掘出以后,拱顶、底板中部及两侧巷帮受张拉破坏,拱肩及两侧底脚受剪切破坏,破坏区范围逐渐向深部扩展直至失稳破坏,特别是矿井主石门、集中石门和穿岩的开拓巷道、暗斜井以及集中下山等,巷道矿压显现明显甚至剧烈。由于巷道断面大、围岩岩性差、巷道服务年限长,巷道围岩变形量可达数米。本书采用理论分析、数值计算、实验室试验、相似材料模拟试验以及现场工业性试验等综合研究方法,针对平顶山矿区地质条件和深部井巷支护施工和支护现状,建立了具有平顶山矿区特色的煤矿深部井巷"支护固"支护理论和施工法,取得了以下主要研究结论:

　　(1) 建立了具有平顶山矿区特色的煤矿深部井巷施工法——中平施工法,主要包括大断面巷道(硐室)掘进与支护设计、施工和监测等内容。

　　基于平顶山天安煤业股份有限公司深井高应力复杂地质条件下,大断面软岩巷道(硐室)的支护经验和技术,研究和完善巷道支护参数设计,开发适应支护系统的产品,规范巷道支护施工工艺,建立了具有平顶山矿区特色的深部高应力复杂地质条件下,大断面软岩巷道(硐室)施工法——中平施工法,主要包括深部大断面巷道(硐室)掘进与支护设计、施工和监测等内容。

　　与适用于隧道和浅部地下工程与井巷的国际上公认的新奥法不同,中平施工法是目前在国内外井巷施工理论和施工技术的基础上,提出了适用于平顶山矿区煤矿深部高应力地质条件下大断面井巷的施工法。该施工法在采用钢丝绳网锚喷支护、底板卸压槽卸压以后,进行浅部和深部围岩二次注浆加固,在井巷围岩形成具有自稳和承载能力的"壳拱组合圈"简称"支护固",从而保持深部井巷围岩的长期稳定。与现有的深部高应力软岩井巷的支架支护、锚(索)网喷注联合支护相比,中平施工法避免或者减弱了大断面井巷的底鼓,减少了井巷的维修和翻修次数,节省了巷道锚杆(索)材料以及人工费用等。

　　(2) 通过实验室和现场地应力测试,研究了平顶山矿区主采煤层顶底板岩层物理力学参数和矿区地应力分布规律,矿区地应力以构造应力为主,重力应力为地应力重要组成部分。

平顶山矿区煤系地层以煤层、泥岩、粉砂岩、砂岩和灰岩为主要岩性,煤岩物理力学性质具有各向异性的华北沉积岩层特点,岩石强度参数与岩性密切相关。平顶山矿区属于高地应力矿区,矿区东部地质构造较西部复杂,东部地应力较西部大。矿区地应力测试结果表明,矿区最大主应力为构造应力,一般沿水平方向分布;垂直应力主要受重力影响,为中间主应力;最小主应力呈近水平分布。矿区主应力大小与岩层埋深呈正相关关系,即随着埋深的增加,岩层地应力逐渐升高。

(3) 通过相似材料模拟试验,系统研究了不同支护方式下埋深和构造应力场对巷道围岩变形破坏影响规律及深部巷道矿压显现特征。

针对平煤一矿深部采区回风上山工程地质条件,通过相似材料模拟研究了底板无卸压槽时锚网喷支护、锚网喷注支护以及底板有卸压槽时锚网喷注支护3种支护方式下,巷道围岩稳定性、变形移动和破坏特征,以及卸压槽和围岩注浆对深部巷道围岩应力、围岩位移以及变形破坏的影响等。

① 在锚注支护条件下,随着埋深的增加,巷道围岩变形量较小,直到埋深1 200 m时,巷道围岩仍处于稳定状态。当埋深达1 200 m时,随着围岩构造应力的增加,巷道顶底板和两帮移近量逐渐增加,其中顶底板移近量始终大于两帮移近量,表明深部巷道底鼓受构造应力影响较大。当侧压系数超过2.0后,随着侧压系数的增大,巷道两帮支承压力峰值增加,两者呈正相关关系。

② 随着埋深和深部巷道侧压系数的增大,围岩变形破坏严重的区域依次为巷道的顶板、两帮和底板。底板卸压槽将巷道浅部围岩的高应力传递到深部围岩中,一定程度上阻断了高应力的传递,巷道底板围岩应力较低,且卸压槽充填以后底板岩层强度升高。所以高应力深部巷道布置合理的底板卸压槽可以有效控制或减小巷道底鼓。

(4) 引入围岩有效载荷系数对深部巷道围岩稳定性进行分类,提出了不同类型围岩巷道支护方式。

研究了巷道围岩松动圈范围、围岩变形速度与围岩有效载荷系数之间关系。当围岩有效载荷系数 $C \leqslant 0.45$ 时,巷道围岩处于稳定状态;当 $C > 0.45$ 时,巷道围岩开始出现松动圈,巷道围岩松动圈厚度与围岩有效载荷系数呈抛物线形正相关关系;当 $C \leqslant 0.45$ 时,巷道围岩移近速度 V 趋于零;当 $C > 0.45$ 时,V 与 C 之间呈线性正相关关系。

(5) 提出了"壳拱组合圈"简称"支护固"的概念,研究了"壳拱组合圈"的组成及锚注支护混凝土喷层和锚杆力学耦合关系,建立了深部巷道"壳拱组合拱"承载体强度计算力学模型,推出了"壳拱组合拱"承载强度计算公式,为中平施工法提供了理论依据。

中平施工法深部巷道施工以后,在巷道周围形成了钢丝绳网喷射混凝土喷层(薄壳)、锚注组合圈以及浆液扩散加固圈。通过锚杆的耦合支护作用,薄壳和锚注组合拱构成了以围岩体为主体,能够承受一定载荷的锚杆注浆体(锚注体)承载结构,称为"壳拱组合拱",简称"支护固"。

① "壳拱组合圈"中薄壳由钢丝绳网混凝土喷层组成,钢丝绳网混凝土能够有效改善混凝土的各项力学性能,提供初期支护阻力;锚注体由多层锚杆和注浆加固围岩组成;底板卸压槽能够降低围岩应力,提高锚注体支护阻力。因此,巷道薄壳-锚注体-卸压槽与围岩体实现耦合作用后,可以保证围岩体的长期稳定。

② 引入混凝土喷层破坏时最大主应力来反映喷射混凝土的支护强度和承载能力,建立了锚注支护混凝土喷层和锚杆力学耦合关系:喷射混凝土承载能力与喷层厚度呈指数函数关系,与混凝土抗拉强度呈线性正相关关系,与锚杆间距呈负指数函数关系。增大混凝土喷层厚度、缩小锚杆间距以及增加喷射混凝土强度,有利于提高混凝土喷层开裂时最大主应力,可以有效地减少喷层开裂,显著提高深部巷道锚注支护效果。

③ 建立了圆形巷道"壳拱组合圈"承载体强度计算力学模型,推出了深部巷道"壳拱组合拱"承载强度计算公式,得出了"壳拱组合拱"承载强度与巷道围岩力学性质、巷道尺寸以及锚杆支护参数之间的定量关系。

(6) 作为平顶山矿区企业工法,中平施工法已经在平煤股份一矿、八矿、十矿等大中型矿井深部巷道和硐室的掘进和翻修施工中得到了推广应用,经济效益和社会效益显著。

中平施工法简化了深部井巷掘进施工工艺,降低了工人劳动强度,提高了井巷掘进施工速度,且井巷支护质量较目前的棚式支架和锚(索)网喷注联合支护得到了提高,有效地延长了井巷维修周期,节约了井巷维修费用。2011年以来中平施工法已经在平煤一矿、四矿、五矿、六矿、八矿和十矿等大型煤矿的暗斜井、水平大巷、井底车场、主石门、硐室以及采区上(下)山的新掘井巷和翻修井巷中进行了现场试验和推广应用。

中平施工法在平顶山矿区推广应用以后,基本解决了深部井巷的支护难题,提高了我国的新奥法支护理论和技术水平,保证了平顶山矿区深部井巷的安全、高效、快速施工。因此,中平施工法为平顶山矿区井巷设计、施工及维修提供了技术支撑,保证了深部井巷的长期稳定性,避免了井巷变形严重对矿井生产的制约,为矿井的正常生产提供安全保障。

主要参考文献

[1] 常全.平煤一矿大断面硐室合理支护技术研究[D].焦作:河南理工大学,2012.

[2] 李刚锋.平煤股份四矿冲击危险性区域划分及防治技术研究[D].焦作:河南理工大学,2011.

[3] 李鹏远.平煤八矿绞车房硐室变形破坏原因及其治理技术研究[D].焦作:河南理工大学,2016.

[4] 刘小帅.平煤一矿深部巷道底板卸压及支护技术研究[D].焦作:河南理工大学,2017.

[5] 平顶山天安煤业股份有限公司.平煤股份公司矿井深部软岩注浆加固支护技术规范(试行)[Z].2013.

[6] 平顶山天安煤业股份有限公司.平煤股份公司煤巷锚杆支护技术规范[Z].2009.

[7] 尚海涛.废旧塑料骨料对砂浆性能影响[D].焦作:河南理工大学,2014.

[8] 孙猛.平顶山矿区地应力分布规律及其应用研究[D].徐州:中国矿业大学,2014.

[9] 王少勇,吴爱祥,韩斌,等.湿喷混凝土+树脂锚杆耦合支护的力学模型[J].中南大学学报(自然科学版),2013,44(8):3486-3492.

[10] 温红东.急倾斜特厚煤层开采顶板灾害监测技术研究[D].西安:西安科技大学,2018.

[11] 闫江伟.地质构造对平顶山矿区煤与瓦斯突出的主控作用研究[D].焦作:河南理工大学,2016.

[12] 闫刘强.平顶山矿区戊组煤层煤与瓦斯突出地质控制因素研究[D].焦作:河南理工大学,2011.

[13] 袁建虎,王耀华,吕振坚,等.钢丝网增强混凝土中基体性能与增强效果的关系[J].解放军理工大学学报(自然科学版),2009,10(4):362-365.

[14] 翟新献,秦龙头,陈成宇,等.深部机头硐室锚注和底板卸压联合支护技术研究[J].地下空间与工程学报,2017,13(5):1363-1372.

[15] 翟新献,秦龙头,赵高杰,等.大断面硐室顶板卸压机理及其应用技术研究[J].煤炭科学技术,2015,43(10):1-6.

[16] 翟新献,杨小林,曾宪桃.暗斜井变形破坏与煤柱之间关系[J].矿冶工程,2003,23(2):20-22.

[17] 张建国.平顶山矿区深井动力灾害灾变机理及防治关键技术研究[D].徐州:中国矿业大学,2012.

[18] 张益东.锚固复合承载体承载特性研究及在巷道锚杆支护设计中的应用[D].徐州:中国矿业大学,2013.

[19] 赵高杰.新庄煤矿机头硐室加固支护技术研究[D].焦作:河南理工大学,2014.

[20] 赵国栋.平顶山矿区丁组煤层煤与瓦斯突出地质控制因素研究[D].焦作:河南理工大学,2014.

[21] 中国煤炭工业协会.煤矿巷道锚杆支护技术规范:GB/T 35056—2018[S].北京:中国标准出版社,2018.

[22] 中国煤炭建设协会.煤矿井巷工程施工规范:GB 50511—2010[S].北京:中国计划出版社,2011.

[23] 中国煤炭建设协会.煤矿井巷工程质量验收规范:GB 50213—2010[S].北京:中国计划出版社,2010.

[24] 中国煤炭建设协会.煤炭矿井工程基本术语标准:GB/T 50562—2010[S].北京:中国计划出版社,2010.

[25] 中国冶金建设协会.岩土锚杆与喷射混凝土支护工程技术规范:GB 50086—2015[S].北京:中国计划出版社,2016.

[26] 中华人民共和国住房和城乡建设部.工程建设工法管理办法[Z].2014.